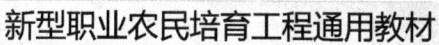

科学施肥实用技术

◎ 李亚洲　姜永忠　主编

中国农业科学技术出版社

图书在版编目（CIP）数据

科学施肥实用技术 / 李亚洲，姜永忠主编．—北京：中国农业科学技术出版社，2016.6（2024.12重印）
（新型职业农民培育工程通用教材）
ISBN 978 – 7 – 5116 – 2618 – 9

Ⅰ.①科⋯　Ⅱ.①李⋯②姜⋯　Ⅲ.①施肥 – 实用技术　Ⅳ.①S147.2

中国版本图书馆 CIP 数据核字（2016）第 117290 号

责任编辑	徐　毅　陈　新
责任校对	贾海霞
出 版 者	中国农业科学技术出版社
	北京市中关村南大街 12 号　邮编：100081
电　　话	（010）82106643（编辑室）　（010）82109702（发行部）
	（010）82109709（读者服务部）
传　　真	（010）82106631
网　　址	http://www.castp.cn
经 销 者	各地新华书店
印 刷 者	北京虎彩文化传播有限公司
开　　本	850mm×1168mm　1/32
印　　张	7.125
字　　数	186 千字
版　　次	2016 年 6 月第 1 版　2024 年 12 月第 5 次印刷
定　　价	26.00 元

◆ 版权所有·翻印必究 ◆

新型职业农民培育工程通用教材
《科学施肥实用技术》
编　委　会

主　编　李亚洲　姜永忠
副主编　吴泳泽　刘　磊　袁海霞
编　者　李亚洲　姜永忠　吴泳泽　刘　磊
　　　　袁海霞　姜太昌　张光民　王建民
　　　　杨　静　张丽丽　李海峡　曹　北
　　　　车瑞香　陈建华　潘萍萍　李泉杉
　　　　李晋元　仝会红

前　言

肥料是重要的农业生产资料，是作物生长的物质基础。科学合理施用肥料对于增加农作物产量，提高农产品品质，保持农田土壤生态系统良性循环，提高农业生产效益具有重要作用。

当前，随着作物产量的不断提高，肥料施用量的不断增大，盲目、过量施肥所带来的土壤板结、酸化、盐分积累、地下水的亚硝酸盐超标、水体富氧化等种种危害正在逐渐显现，对食品安全和农业可持续发展带来了潜在威胁。因此，国家在2016年提出了"科学施肥、减量增效、高效环保、生态安全"的施肥理念，并开展了"化肥使用量零增长行动"，这对广大农民和农业技术人员的专业技术水平提出了更高的要求。

本书参考了许多书籍和技术资料，主要阐述了农业生产中所用的肥料和主要农作物的施肥技术，同时对目前广泛关注的测土配方施肥技术和水肥一体化技术进行了简要介绍。目的在于为广大从事农业生产的农民朋友和在农业生产第一线的基层农业技术人员提供一些有用的知识。

由于编者知识水平有限，书中难免会出现疏漏或不妥之处，敬请批评指正。

编　者

目 录

第一章 农业常用有机肥料的种类、性质与使用 ……… (1)
第一节 人粪尿 ……………………………………… (1)
第二节 畜禽粪 ……………………………………… (4)
第三节 作物秸秆类 ………………………………… (7)
第四节 饼肥类 ……………………………………… (10)
第五节 绿肥类 ……………………………………… (11)
第六节 土杂肥类 …………………………………… (16)
第七节 沼气肥 ……………………………………… (18)

第二章 常用化学肥料的种类、性质及使用 ………… (20)
第一节 氮 肥 ……………………………………… (20)
第二节 磷 肥 ……………………………………… (42)
第三节 钾 肥 ……………………………………… (58)

第三章 中微量元素肥料 ……………………………… (68)
第一节 钙 肥 ……………………………………… (68)
第二节 镁 肥 ……………………………………… (73)
第三节 硫 肥 ……………………………………… (75)
第四节 硼 肥 ……………………………………… (78)
第五节 钼 肥 ……………………………………… (80)
第六节 锌 肥 ……………………………………… (81)
第七节 锰 肥 ……………………………………… (83)
第八节 铁 肥 ……………………………………… (84)

第九节 铜 肥 ………………………………………… (85)
第四章 腐殖酸与微生物肥料 ………………………… (87)
第一节 腐殖酸类肥料 ……………………………… (87)
第二节 微生物肥料 ………………………………… (92)
第五章 缓控释肥料与复合肥料 ……………………… (107)
第一节 缓控释肥料 ………………………………… (107)
第二节 复合肥料 …………………………………… (114)
第六章 主要大田作物与施肥 ………………………… (122)
第一节 小 麦 ……………………………………… (122)
第二节 玉 米 ……………………………………… (128)
第三节 豆 类 ……………………………………… (134)
第四节 薯类作物 …………………………………… (137)
第五节 花 生 ……………………………………… (140)
第六节 棉 花 ……………………………………… (145)
第七章 主要蔬菜作物与施肥 ………………………… (150)
第一节 黄 瓜 ……………………………………… (150)
第二节 番 茄 ……………………………………… (154)
第三节 茄 子 ……………………………………… (158)
第四节 大白菜 ……………………………………… (162)
第五节 芹 菜 ……………………………………… (166)
第六节 菜 豆 ……………………………………… (169)
第七节 胡萝卜 ……………………………………… (173)
第八节 菜 花 ……………………………………… (175)
第八章 测土配方施肥技术 …………………………… (179)
第一节 测土配方施肥技术概述 …………………… (179)
第二节 主要术语和定义 …………………………… (180)
第三节 肥料效应田间试验 ………………………… (181)
第四节 基础数据库的建立 ………………………… (197)

第五节　肥料配方设计 …………………………………（199）
　第六节　配方肥料的供应、配方肥料合理施用 ………（205）
第九章　水肥一体化农业应用技术 ………………………（207）
　第一节　水肥一体化技术概述 …………………………（207）
　第二节　水肥一体化技术国内外发展现状 ……………（208）
　第三节　水肥一体化技术要点和主要应用模式 ………（210）
　第四节　水肥一体化技术应用效果 ……………………（214）
　第五节　水肥一体化技术应用中存在的问题 …………（216）
参考文献 …………………………………………………………（218）

第一章　农业常用有机肥料的种类、性质与使用

有机肥料是一种主要来源于动物和植物并经过发酵腐熟的含碳有机物料，主要包括人粪尿、畜禽粪、作物秸秆、饼肥、绿肥、杂肥及沼气肥共七大类，其功能是改善土壤结构、提高土壤肥力、提供植物营养、改善作物品质。

第一节　人粪尿

一、人粪尿的成分和性质

人粪是食物经过消化未被吸收利用而排出体外的部分。其中含70%~80%的水分，20%左右的有机物质，主要成分是纤维素、半纤维素、脂肪、脂肪酸、蛋白质及其分解的中间产物等；矿物质含量约5%，主要是硅酸盐、磷酸盐、氯化物及钙、镁、钾、钠等盐类。此外，还含有少量具有臭味的物质，如粪臭质、吲哚、硫化氢、丁酸，以及粪胆质、色素等。同时还含有大量微生物，往往还含寄生虫卵。人粪一般呈中性，有时也呈酸性或碱性，这决定于食物的成分及其分解成度。如食物中蛋白质含量多，则分解生成大量的氨，因而粪的反应呈微碱性。若食物中碳水化合物含量多，则分解产生大量脂肪酸、乳酸和有机酸而呈酸性。

人尿是食物经过消化吸收、新陈代谢后排出体外的废液，含有95%的水分和5%左右的水溶性含氮化合物和无机盐类，其中，含尿素1%~2%、食盐1%左右，并有少量的尿酸、马尿酸、磷酸盐、铵盐、各种微量元素和生长素等。新鲜人尿中含有酸性磷酸盐（如磷酸二氢钠）和多种有机酸，因而人尿呈微酸性。但是在贮存时，尿中的尿素水解为碳酸铵以后，就呈微碱性。

人粪中的养分主要呈有机态，需要经过分解腐熟后才能被作物吸收利用。人尿成分比较简单，其中，氮素有70%~80%，以尿素状态存在，故人尿的肥效快。从人粪或人尿的养分看，都是含氮较多而磷、钾较少，所以，常把人粪尿当作氮肥施用。

二、人粪尿的利用方式、方法与合理施用

主要利用方式、方法：一是与干细土按1∶(2~3)混合堆积，用泥封严；二是与垃圾、杂草、肥土混合1∶1堆积封严；三是单贮，平均每亩（1亩≈667m^2。全书同）耕地占有量0.47t，除堆沤外，部分菜地直接灌施。

人粪尿的合理施用：人粪尿适用于一般作物，特别是叶菜类作物（如白菜、甘蓝、菠菜等），禾谷类作物（如水稻、小麦、玉米等）和纤维作物（如麻类等），效果颇为显著。但由于人粪尿中含有较多的氯离子，对忌氯作物（如马铃薯、甘薯、甜菜等）施用过多，会降低块茎、块根中淀粉和糖分含量。对烟草不宜多用，否则会使叶筋粗大，味辛辣，燃烧性差，从而降低品质。

人粪尿适用于各种土壤，在灌溉条件下施用人粪尿，当土壤中食盐含量在0.05%以下时，不致发生盐渍化。因为人粪尿带入土壤中的食盐，部分将被雨水或灌溉水淋洗掉，部分被作物吸收，即使年年使用人粪尿也不会危害作物。但在雨量少又无灌溉的盐土中，最好对水稀释后分次施用。

人粪尿虽然是天然肥料之一，但是含有机质及磷、钾等养分

较少。它是富含氮素的速效肥料。施用时需配合有机肥料(如堆肥、厩肥等),和磷钾肥料。人粪尿中含有较多的铵离子和钠离子,施用到土壤后,铵离子或钠离子首先被土壤胶体所吸附,最后形成铵胶体或钠胶体。由于铵胶体或钠胶体在土壤溶液浓度较低时易于分散,破坏土壤结构,所以,在质地疏松或缺乏有机质的土壤上,更应注意和其他有机肥料配合施用。

人粪尿可做基肥、追肥。做基肥时一般每亩用量为500~1 000kg,还要配合有机肥料和磷、钾肥料。如做追肥,应分次施用。由于其中含有无机盐类很多,施用前必须加水稀释。旱田作物施用前一般加水3~4倍,多时可达10倍。施后则应盖土。腐熟的人粪尿中,铵态氮含量较多,若一次用量过大,作物未及时吸收,除被土壤胶体吸附外,大部分流失。此外,铵还能经硝化作用转变为硝态氮而易淋失。

在水田施用时,须先排水,把人粪尿对水2~3倍,搅匀后泼入田中,并结合中耕或耕田,使肥料为土壤所吸收,隔2~3日后再灌水。施肥时间一般在水稻返青、分蘖、拔节前分3次施用,施用量每亩一般500~1 000kg。

新鲜人尿的主要成分是人尿,属速效性肥料,宜做追肥。华北、西北等麦区在冬季用新鲜人尿直接浇麦田,获得显著增产效果。但必须指出,在作物幼苗生长期,直接施用新鲜人尿有烧苗的风险,须经腐熟对水后施用。至于新鲜尿与陈尿的肥效,要看贮存时氮素损失大小。

用人尿浸种是我国农民创造的一种经济用肥的好方法。浸种后的种子出苗早,苗健壮,因而为丰产打下基础。人尿浸种的良好效果除满足作物种子萌发时所必须的水分外,还因人尿中含有生长素,能刺激种子中酶的活性,加速种子内贮藏物质的转化和运输。同时,人尿供给种子发芽后所需要的各种养料,因而用人尿浸种的种子萌发后幼苗生长健壮。

第二节 畜禽粪

畜禽粪是饲料经过家畜的消化器官后，没有被吸收利用而排除体外的废物，成分非常复杂，其中，主要是纤维素、半纤维素、木质素、蛋白质及其分解产物、脂肪类、有机酸、酶以及各种无机盐类。畜粪中含有机质较多，为15%~30%，其中，氮、磷含量比钾高；就各种家畜粪尿肥分比较，羊粪中氮、磷、钾含量最多，而猪、马次之，牛最差。以排泄量来论，牛最多，马次之，猪又次之，羊最少。

一、畜禽粪的成分和性质

（一）猪粪的成分和性质

由于猪的饲料多样化，猪粪的性质也常不一致，一般猪粪的养分含量比较丰富，氮素含量是牛粪的2倍，磷、钾含量均多于牛粪和马粪；只是粪中的钙、镁含量低于其他粪肥，而且有机质含量也不算太高。此外，根据中国农业科学院土壤肥料研究所分析，新鲜猪粪还含有10mg/kg的铜，19mg/kg的钼，36mg/kg的锰和15mg/kg的锌。

猪粪C/N比值较低，且含有大量的氨化细菌，比较容易腐熟。腐熟后的猪粪能形成大量的腐殖质和蜡质，而且阳离子交换量较高。施用后，能增加土壤的保肥保水性能。蜡质能防止土壤毛管水的蒸发，对于抗旱保墒有一定的作用。

猪粪劲柔和，后劲长，既长苗又壮棵，使作物籽粒饱满。猪粪适用于各种土壤和作物，尤以施于排水良好的土壤为好。

（二）牛粪的成分和性质

牛是反刍动物，饲料经胃中反复消化，因而粪质细密，又因牛饮水多，粪中含水量高，通气性差，因此，牛粪分解腐熟缓慢，发酵温度低，一般称冷性肥料。牛粪中养分含量是家畜粪中最低的一种，尤其是氮素含量很低，其 C/N 比值较大。新鲜牛粪略加风干，加入 3%～5% 量的钙镁磷肥或磷矿粉，进行混合堆沤，可以加速其分解，并获得优质的有机肥料。牛粪对改良含有机质少的轻质土壤，具有良好的效果。

（三）马粪的成分和性质

马对饲料的咀嚼和消化不及牛细致，因而粪中纤维素含量高，疏松多孔，水分易于蒸发，含水分少，同时粪中含有高温纤维素分解细菌很多，能促进纤维素的分解，因此腐熟分解快，在堆积过程中，发热量大，所以称马粪为热性肥料。一般可作为温床发热材料（酿热物），如茄果类蔬菜早春育苗时，在苗床中将马粪与蒿秆混合铺垫在下层，上面铺以肥沃的菜园土，这样可以提高苗床温度，使幼苗提前移栽，提早成熟。在制造堆肥时，加入适量马粪，可促进堆肥的腐熟。马粪对改良质地黏重的土壤，有显著效果。

（四）羊粪的成分和性质

羊也是反刍动物，对饲料咀嚼很细，又因羊饮水少，所以，粪质细密干燥、肥分浓厚。羊粪是家畜粪中养分最高的一种，尤其是粪中的有机质，全氮和钙、镁等物质的含量更高。羊粪比马粪发热量低，但比牛粪发热量大，发酵速度也快，因此，也称热性肥料。羊粪宜与猪、牛粪混合堆积，这样可缓和它的燥性，达到肥劲"平稳"。羊粪对各种土壤均可施用。

（五）兔粪的成分和性质

兔粪是一种优质高效的有机肥料，其氮磷钾含量比羊粪还高。兔粪尿不仅养分含量高，据称兔粪还有驱虫的作用。用兔粪液施在番茄、白菜、芸豆等蔬菜作物根旁，可防止地下害虫的危害，有助于保证全苗壮苗。

二、畜禽粪的施用

家畜粪尿的施用，应根据作物种类、土壤肥力、气候条件以及肥料本身性质的不同而不同。就肥料本身性质来看，家畜尿比家畜粪容易分解。如粪尿分别贮存，尿宜做追肥，而粪宜做基肥。但猪粪尿常混合贮存，因猪粪C/N值较小，分解较快，因此，猪粪尿不仅可做基肥，也可做追肥。羊粪、马粪虽然分解比牛粪快，但分解时发酵热高，易引起烧苗，故一般家畜粪尿，宜先腐熟或制成腐熟厩肥后施用。

从土壤性质来看，家畜粪尿和厩肥首先应分配在肥力水平较低的土壤上，因为同量厩肥，把它用在瘦土上，增产幅度比用在肥土上要大些。

除了考虑土壤肥力水平，还得考虑土壤质地。对黏重土壤。应选择腐熟度较高的厩肥而且应翻的浅一些。对沙质土壤，因通气性和透水性良好，粪肥容易分解，但不能持久，因此，可施用腐熟度较轻的厩肥。对冷浸田、阴坡地。可以施用热性肥料如羊、马粪等。以达到改良土壤和促进幼苗生长的效果。

从作物种类来看，凡是生育期较长的作物，如玉米、马铃薯、油菜、萝卜、麻、甘薯等，可施用半腐熟的厩肥。而生长期较短的作物，需用腐熟程度较高的厩肥或畜粪。水稻对厩肥利用率低，可使用腐熟的。特别是双季稻区，早稻田应选用腐熟的厩肥，因早春气温低，未腐熟的厩肥施在田里，一是分解慢，再就是容易产生有毒物质，影响秧苗的生长。蔬菜类也由于生育期短，宜施用腐熟厩肥或畜粪。对生育期长而旺盛生长期处于高温季节的作物，可以施用半腐熟的厩肥或粪肥。

厩肥施用与气候条件有关。在降水量较少的地区或旱季，宜施用腐熟的厩肥，翻耕可深些。温暖而湿润的地区或雨季，可施用半腐熟的厩肥，可翻耕得浅些。

为了充分发挥厩肥的增产效果，必须提倡厩肥或畜粪与化学肥料配合或混合施用。因厩肥具有养分完全、肥效迟缓、性质柔和的特点，而化肥则是养分单纯、肥效快速和性质"暴躁"的一类肥料。两者配合或混合施用，不仅可以收到缓急相济、互促肥效之利，而且还会收到逐步提高土壤肥力之益，因而是合理施肥中的一项重要措施。

第三节 作物秸秆类

秸秆不经过堆沤处理，科学地实行秸秆还田，能够有效地促进土壤肥力的不断提高，节约运输成本和劳动力，便于实现农业生产现代化。现在绝大部分地区都已经实施了秸秆直接还田。

一、秸秆还田的作用

现有资料表明，秸秆直接还田，主要有恢复和创造土壤团粒结构、固定和保存氮素养料，以及促进土壤中难溶性养料溶解等作用。

（一）改善土壤结构

秸秆直接施入土壤，要比先把它堆积分解而后施入土壤更有利于改良土壤的结构。在一定程度上，水稳性团聚体随土壤中多糖类含量的提高而增加。土壤中的多糖是土壤微生物合成的产物，而新鲜有机质则是微生物合成多糖所必需的碳源。如土壤中加入燕麦秆培养时，多糖醛酸苷的含量就能增加。另外，微生物分解蒿秆时，也可摄取土壤氮素，形成作为多糖类成分之一的氨基糖。因此，土壤中施入蒿秆物质可以增加土壤团聚体，改善土壤的物理性质。同时，秸秆直接还田形成的新鲜腐殖质可以随即与土粒结合，促成土壤的团粒结构，这就避免了腐熟后施用时活性腐殖质可能因干燥变性而失效的缺点。

(二)固定和保存氮素养料

作物收获后立即将秸秆切碎加以翻耕,在分解过程中,将在一定程度上表现出微生物与作物争氮的现象,这无疑是秸秆直接还田时必须注意的一个问题。但是另一方面,秸秆直接还田时,能增加土壤的固氮作用,同时又能使土壤中原有的含氮化合物免于损失。

新鲜秸秆施入土壤后,一方面,为好气性和嫌气性的自主固氮菌提供能源而促进固氮作用;另一方面,因为它能供给微生物生命活动所必须的能源(碳源),使微生物活动旺盛,较多地吸收土壤中的速效氮素,以合成细胞体,从而使氮素保存下来。新鲜秸秆分解过程中所保存的氮素,大部分易转化为有效态,可供当季作物利用。

(三)促进土壤中植物养料的转化

秸秆直接还田较之堆沤腐熟后施用,更能加强土壤微生物的活动。这样不仅可以加速有机质本身所含植物养料的分解,而且有助于土壤中的磷、钾等矿物质养料的释放,从而加速了土壤中"生物小循环"的进程,有利于土壤有效肥力的进一步提高。

二、秸秆还田的方法

为了提高秸秆还田的效果,避免可能出现的有害因素,在施用方法上应注意以下几点。

(一)配合施用氮磷化肥

秸秆直接还田时,作物与微生物争夺速效养分的矛盾,特别是争氮现象,可以通过补充化肥来解决。通常秸秆的碳氮比为 $(80\sim100):1$,为此,应适当增施氮素化肥,对缺磷土壤则应补充磷肥。玉米秆等翻压后,播前每亩撒施二铵15kg,或用施肥播种机带肥播种,都可以保证小麦、棉花的良好生长。

(二)翻埋方法

作物秸秆最好用圆盘耙切碎后翻耕。翻压后如土壤墒情不足，应结合灌水。在临近播种时要结合镇压，促其腐烂分解。

(三)翻埋时间

秸秆直接还田的时期，一般在作物收割后立即耕翻入土，避免水分损失致不易腐解。在北方寒冷地区，应在秋季翻耕入土。在南方一年两熟或三熟地区，当水稻、油菜等前作收获后，应及时翻埋，以在后茬种植前 15～45 天为好。南方秸秆还田一般对后茬第二季作物效果比第一季作物好。这是由于秸秆入土经过一季分解后，土壤肥力才有所提高。

另外，在翻埋时旱地土壤的水分含量掌握在田间持水量的 60% 时较适合，如水分超过 150% 时，由于通气不良，秸秆氮矿化后易引起反硝化作用而损失氮素。

(四)施用量

在薄地化肥不足的情况下，秸秆还田离播期又较近时，秸秆的用量不宜过多；而在肥地、化肥较多、距播期较远的情况下，则可加大用量或全田翻压。一般秸秆施用量为每亩 300～400kg。

三、秸秆还田应注意事项

秸秆在土壤腐解过程中，会产生许多有机酸，如丁酸、乙酸、甲酸等，对作物根系生长和养分吸收有直接影响。如在种植前间隔适当时间施入，或施在透水性较好的干田，又在秋季翻耕入土，这些有害物质在某种程度上可以排出。在酸性土壤中进行秸秆直接还田，宜施入适量石灰，以加速秸秆腐解，并中和分解过程中产生的有机酸。与高温堆肥相比较，未经高温发酵秸秆直接还田可能导致各种病害的蔓延。所以，应避免将有病害的秸秆直接还田。

第四节 饼肥类

一、饼肥的定义、成分及性质

各种含油分较多的种子，经过压榨去油后剩下的残渣，用作肥料的统称饼肥，主要种类有豆饼、棉籽饼、花生饼、葵花饼、芝麻饼、淀粉渣等。我国农民早就习惯使用饼肥，认为使用饼肥可提高烤烟质量、增加西瓜的含糖量等。值得注意的是，油饼内含大量有机质和蛋白质，又含有油脂和脂溶性纤维素，所以，是营养价值很高的一类好饲料。因此，将油饼先做饲料，而后用畜粪尿肥田，才是经济利用油饼的办法。有些油饼含有毒物，如棉籽饼含棉酚、菜籽饼含皂素、蓖麻饼含蓖麻素等，所以这类油饼不宜用作饲料。

饼肥肥分浓厚，富含有机质和氮素，并含相当数量的磷、钾及各种微量元素，一般含有机质 75%～85%、N 2%～7%、P_2O_5 1%～3%、K_2O 1%～2%。饼肥中的氮磷都呈有机态。氮以蛋白质形态为主，磷以植酸、卵磷脂为主，钾大都是水溶性的。这些有机态氮、磷，作物吸收利用率很低，必须经过微生物分解后才能发挥肥效。

饼肥中常含有一定量的油脂和脂肪酸等化合物，而且组织致密成块状，不易粉碎，也难通气，因而饼肥分解缓慢。此外，不同饼肥因其含氮量高低、碳氮比大小不同，因而分解速度也有差异。

二、饼肥的施用

饼肥是优质有机肥料，养分完全，肥效持久，适用于各类土壤和多种作物，尤其是对瓜、果、烟草、棉花等作物，能显著提高产量并改进品质。

饼肥可做基肥、追肥。为了使饼肥尽快发挥肥效，施用前需加处理。用作基肥的，只要将饼肥碾碎即可施用，一般在播种前2~3周施入。将细碎的饼肥撒于地面，然后翻入土中，让它在土壤中有充分腐熟的时间。饼肥不宜在播种时施用，因它在土中分解时会产生高温和生成各种有机酸，对种子发芽以及幼苗生长均有不利的影响。

饼肥用作追肥时必须经过腐熟，才有利于作物根系尽快吸收利用。饼肥发酵的方式，一般采用与堆肥或厩肥混合堆积的方法；或将油饼打碎，用水浸泡数天，即可施用，可在植株旁开沟条施或穴施。饼肥用量一般为每亩50~75kg。

第五节 绿肥类

一、绿肥的定义与性质

用作肥料的植物绿色体均称为绿肥，其含有氮、磷、钾等多种植物养分和有机质，是农业生产中一种重要的有机肥料。近几年呈下降趋势，一般均用作饲料，主要种类有紫云英、苕子、紫花苜蓿等。绿肥的增产效果已被几千年的生产实践证实。综合各地资料，每亩施含氮素5kg的绿肥鲜草时，每千克氮素可增产稻谷10~15kg、小麦10kg左右、棉籽6~10kg。

二、绿肥在农业生产中的作用

（一）发展绿肥是自力更生解决肥料问题的一条重要途径

绿肥作物一般多为豆科植物（也有少数十字花科和禾本科植物），含有丰富的有机质和氮素，含有机质15%左右、氮素0.3%~0.6%。如果按亩产鲜草1 500kg计算，则含有机质约达

225kg，氮素 4.5~9kg。

(二)发展绿肥是提高土壤肥力，改良低产田的有效措施

种植绿肥作物可以提供土壤有机质和增加有效养分数量，土壤有机质和全氮含量均随种植年限递增。同时，绿肥作物吸收难溶性养分能力强，待绿肥分解后，又大部分重新以有效形态保留在耕作层，为后茬作物所吸收。

由于绿肥作物提供了大量有机质和钙素，加上其根系有较强的穿插能力，促进了土壤水稳性团粒结构的形成，从而改善土壤的理化性状，使土壤的水、肥、气、热比较协调，加速低产土壤的改良。

绿肥还对改良红黄壤、盐碱土有特殊的效果。不少绿肥作物耐酸、耐盐、抗逆性较强，随着其栽培和生长，土壤得到了改良。盐土、碱土种植绿肥后，由于绿肥覆盖，减少了盐分的上升；同时因其根系穿插较深，促进降水或灌水的淋盐作用，使盐分迅速降低，碱性也显著减弱。

(三)发展绿肥作物有利于农牧结合，促进农业生产全面发展

绿肥作物如紫云英、苕子、紫花苜蓿等富含蛋白质、脂肪、灰分和维生素，是家畜的优良饲料，利用绿肥做饲料，通过发展畜牧业而增加肥料，一举多得，值得提倡。同时，绿肥兼做饲料，经济效益较大，易于推广。因此，广种绿肥，可达到农牧结合，互相促进，全面发展。

三、施用绿肥注意事项

(一)绿肥的翻耕时期

绿肥翻耕时期，应掌握在鲜草产量最高和肥分总含量最高时期进行。翻耕过早，虽然植株柔嫩多汁，容易腐烂，但鲜草产量低，肥分总含量也低；反之，翻耕过迟，植株趋于老熟，木质

素、纤维素增加，腐烂分解困难。绿肥的鲜草产量最高时期与可获得的总氮量最高时期基本上是一致的，主要绿肥翻耕时期，紫云英为盛花期，苕子为现蕾至初花期，紫花苜蓿为盛花至初荚期。翻耕时间除了绿肥本身条件，还必须和后作播种时间配合。稻田翻耕绿肥，一般在插秧前10~20天进行。如果间隔时间过短，有机质分解不完全，常有较多的有机酸影响幼苗生长，插秧前应适量配施速效氮肥和石灰，一方面供给早期养分，同时也能促进绿肥分解，使生成的有机酸形成钙盐，减少有机酸分子的危害。

北方麦田秋季施用绿肥，应掌握在土壤水分充足的时候，最好在雨季的后期。夏季绿肥在早秋耕埋约30天可以大部分分解，因此，耕翻宜在小麦播种前40天左右。南方雨水多，秋季气温较高，翻耕容易腐烂，间隔时间可稍短。各地应根据土壤的墒情和质地以及秋季的温度等条件，具体安排翻耕适期。

棉田施用绿肥，一般可在播前10~15天翻耕。由于棉花早播而要求绿肥早耕，因此，都不在绿肥产量最高时耕翻，严重影响绿肥的效果。应适当延迟绿肥的耕翻期，以便提高绿肥产量，供给棉花更多的养分。

（二）耕翻深度与分解速度

绿肥分解主要靠微生物活动，因此，翻耕深度应考虑到微生物在土壤中旺盛活动范围以及影响到微生物活动的各种因素。微生物活动一般以10.0~16.7cm深度比较旺盛，故耕翻深度也应以此为准则。但气候条件、土壤性质、绿肥种类及其老嫩等也影响耕翻深度。凡绿肥幼嫩多汁易分解的、土壤沙性强的、土温较高的，耕翻宜深些；反之，绿肥组织粗老、土壤黏重以及土壤多水低温情况下，耕翻宜浅些。另外，由于不同绿肥的分解速度不一样，为了使作物养分供求尽量平衡，在通透不良的、土质较黏重的"晚发田"，施用较难分解的绿肥时，应注意前期缺肥的现象发生；相反，在通透良好、土质疏松地"早发田"，施用较易分解的绿肥时，则应注意后期缺肥的现象出现。

(三)掌握绿肥分解特点

幼嫩的绿肥作物，特别是易分解的豆科绿肥如紫云英，初期分解快，持续时间较短。在分解过程中，它还带动土壤中有机质和腐殖质的分解，起到活化和更新土壤有机质的作用；同时，当绿肥矿化释放出铵态氮时，也能带动土壤有机质的分解，起到活化和更新土壤有机质的作用；同时，当绿肥矿化释放出铵态氮时，也能带动土壤有机质的矿化，又使土壤中潜在养分分解释放，这种作用称为激发效应。所以，以紫云英这类绿肥作为基肥，后期常有脱肥的可能，应注意后期补施人粪尿、硫酸铵等速效氮肥。稍难分解的绿肥如田菁、怪麻等，前期分解较慢，做基肥时初期可能养分供应不足，需配合施用速效氮肥，其次豆科绿肥含氮较多，故需配合施用磷、钾肥。

(四)防止毒害作用

稻田施用绿肥过多，沤田时间又不够，往往会使水稻出现中毒性"发僵"。使水稻叶黄根黑，生长停滞，迟迟不返青。造成水稻中毒性"发僵"的原因，主要是绿肥分解时消耗了土壤中的氧，土壤氧化还原电位迅速下降，还原性物质累积，影响根的呼吸和养料吸收。目前，引起水稻中毒性"发僵"的原因主要有以下3种。

1. 有机酸的毒害

稻田中绿肥压青后产生有机酸，有机酸过多影响作物根系的有氧呼吸，接着便抑制养分的吸收，甚至会使磷、钾、硅向体外渗出。

2. 硫化氢的毒害

硫化氢能抑制水稻体系内细胞色素氧化酶及其他含铁的酶的活性，对抗坏血酸氧化酶也有一定的抑制作用。细胞色素氧化酶是水稻体内主要的末端氧化酶。由于有氧呼吸受到抑制,从而影响对养分的吸收。H_2S 对根的毒害是使根内组织变质,初期呈半透明状,以后逐渐霉烂而成黑根,甚至可嗅到 H_2S 的臭味。有 H_2S 危害的水稻土,应排水通气,不宜用硫酸盐肥料。

稻田淹水后,会出现较多的 Fe^{2+} 和 Mn^{2+},这些离子能与 H_2S 作用,生成难溶性的硫化亚铁和硫化锰,这样便能消除 H_2S 过多的毒害。所以,一般浸水田不易达到 H_2S 的受害临界浓度。如施用大量新鲜的有机质,而且在高温下骤然浸水,也会产生 H_2S 对水稻的毒害。

3. 亚铁离子的毒害

淹水土壤中会产生大量的 Fe^{2+} 离子,但水稻根系代谢中能产生氧化力,把 Fe^{2+} 氧化为 Fe^{3+}。但如排水不良,特别是翻压绿肥太多,土壤处于较强的还原势时,就会产生亚铁危害。

为了防止水稻中毒性"发僵"这种现象的发生,必须采取下列措施。

(1)控制绿肥用量　特别是排水不良的稻田应少施。

(2)压青犁翻后过 2~3 天灌水,以增加土壤空气,加速绿肥分解　犁翻后精耕细耙,把绿肥压碎,造成土肥相融,有利于绿肥分解。

(3)配合施用速效氮肥和石灰　不仅可使绿肥加速分解,而且由于提高了土壤 pH 值,减少了未解离的有机酸含量,故可减少甚至避免有机酸的危害。氮肥不宜用硫酸铵,可改用其他化肥。

(4)秧苗要浅插,薄水移栽,浅水分蘖　及时晒田和中耕,以消除有害物质的危害。

如发现水稻已发生中毒性"发僵"时,除上述措施外,每亩可施用过磷酸钙 7.5kg 或石膏粉 2.5kg,促使水稻胶粒凝聚,加速绿肥分解。此外,肥料中的钙也能减少有机酸的危害。

第六节 土杂肥类

土杂肥主要包括河泥、草木灰、炕土,分别介绍如下。

一、泥肥的定义、性质及使用

沟、湖、河、塘里的肥沃淤泥,称为泥肥。泥肥中养分的来源主要是由雨水挟带地表肥沃的细土、无机盐、污物、枯枝落叶等汇流到沟、湖、河、塘中沉积下来,加上水生动植物的遗体和排泄物等,逐渐腐烂分解而成。

泥肥的成分除含有一定数量的有机质外,还有氮、磷、钾等多种养分。泥肥形成的条件、所处地形部位、水面有无养殖动植物等情况,致使泥肥的养分含量差别很大。靠近城市和村边以及养菱的河泥质量较好,在南方放养"三水一萍"的河、沟、塘泥质量较高。从地形部位看,冲田塘泥的质量较优于高部位塘泥的质量。平原区河泥比三角洲河泥质量高。

泥肥的全氮、磷、钾及速效养分的含量并不高,但由于它含有较多的有机和无机胶体,能提高土壤保肥能力,调节土壤养分的供应,加厚耕作层,改良土壤理化性状,所以生产实践证明效果较好。一般应收集靠近村镇的塘泥、河泥、泥沟及下水道的污泥,制成堆肥。而取距村镇远的河塘泥做垫圈材料,然后制成堆肥应用。

泥肥为迟效型肥料,肥效稳而长,宜配合人畜粪尿、绿肥等用作基肥。泥肥如在旱地施用,挖起后应先就近堆积,经过日晒冬冻,待风干后,一则容易打碎均匀,再则可使其中还原性物质如铁、硫化物等进行氧化,避免对作物产生毒害。同时,还能使部分迟效型养分转化为速效状态,提高肥效。如在水田施用,一般不必风干,可直接施用,以免风干后一部分氮转化为硝态氮,容易随水流失。泥肥用量很大,每亩可施数十担至百余担(1担约合50kg)。

二、草木灰的定义、性质及使用

草木灰是山草、禾秆和树枝等燃烧后的灰烬(不包括由煤所产生的煤灰)。植物中所含有的矿质元素,草木灰中几乎都含有,其中含量最多的是钾元素,一般含钾6%~12%,其中90%以上是水溶性,以碳酸盐(K_2CO_3)形式存在;其次是磷,一般含1.5%~3%;还含有钙、镁、硅、硫和铁、锰、铜、锌、硼、钼等微量营养元素。不同植物的灰分,其养分含量不同,在等钾量施用草木灰时,肥效好于化学钾肥。所以,它是一种来源广泛、成本低廉、养分齐全、肥效明显的无机农家肥。

草木灰不能与有机农家肥(人粪尿、厩肥、堆沤肥等)以及铵态氮肥混合施用,以免造成氮素挥发损失;也不能与磷肥混合施用,以免造成磷素固定,降低磷肥的肥效。因草木灰为碱性,土壤施用以黏性土、酸性或中性土壤为宜。土壤施用可做基肥、种肥和追肥,也可做育苗、育秧的覆盖物(盖种肥)。做基肥、种肥时,肥量不能过大并应与种子隔离,以防烧种。亩用量一般为50~100kg。土壤施用以集中施用为宜,采用条施和穴施均可,深度8~10cm,施后覆土。施用前先拌2~3倍的湿土或以少许水喷湿后再用。草木灰所含的钾素,其中90%以上可溶于水,为速效性钾肥。根据这一特性,草木灰可做根外追肥,即用浓度为1%的草木灰浸出液进行叶面喷洒。草木灰适用于各种作物,尤其适用于喜钾或喜钾忌氯作物,如马铃薯、甘薯、烟草、葡萄、向日葵、甜菜等。草木灰用于马铃薯,不仅能用于土壤施用,还能用于蘸涂薯块伤口,这样,既可当种肥,又可防止伤口感染腐烂。

三、炕土的定义、性质及使用

炕土是北方农村的大宗土肥。在北方农村几乎家家都有土炕，冬季烧火取暖，也有将锅灶的烟道通过土炕，再由烟筒出去，所以，炕土实质上就是熏土的一种。土炕的构造呈回笼形，以便取暖。在烧炕过程中，土坯受到长时期烟熏后，物理、化学性质有所改善，变成了有用的土肥。

土坯经烟熏，加速了有机质的分解，使土坯里的有机质减少，而蒿秆或其他燃料在燃烧过程中分解的氮以氨态氮被土坯吸附。虽然每次烧火分解出来的氮量不多，但日积月累，炕土中的氮素含量逐渐增多。

土坯在受热烟熏时，一部分有机态磷和矿物态钾也转化成速效性磷、钾。由此可见，炕土中速效性氮、磷、钾含量较高。炕土的成分很不一致，除了因燃料种类和土坯原料的影响，还与拆炕的时间间隔有密切的关系。炕土的年代愈长，炕土中氮、磷、钾含量愈多。炕土可改良低洼地，适合在低洼地使用。对稻、麦等禾谷类作物有一定的增产效果，特别是对马铃薯、甘薯、甜菜等效果更为显著。

第七节 沼气肥

一、沼气肥的定义

沼气肥即沼气发酵肥，是指作物秸秆与人粪尿等有机物，在沼气池中经过厌气发酵制取沼气后形成的肥料。原材料中的氮、磷、钾等营养元素，除氮素有一定损失外，大部分养分仍保留在发酵肥中。

二、沼气肥的营养成分与性质

沼气肥有 2 种形态。一是沼气水肥（沼液），占肥总量的 88% 左右；二是固体残渣（沼渣），占肥总量的 12% 左右。沼液含速效氮、磷、钾等营养元素，还含有锌、铁等微量元素。据测定，含全氮为 0.062%~0.11%，铵态氮为 200~600mg/kg，速效磷 20~90mg/kg，速效钾 400~1 100mg/kg。因此，沼液的速效性很强，养分可利用率高，能迅速被作物吸收利用，是一种多元速效复合肥料。固体沼渣肥的营养元素种类与沼液基本相同，含有机质 30%~50%、氮 0.8%~1.5%、磷 0.4%~0.6%、钾 0.6%~1.2%，还有丰富的腐殖酸，含量达 11.0% 以上。腐殖酸能促进土壤团粒结构形成，增强土壤保肥性能和缓冲力，改善土壤理化性质，改良土壤效果十分明显。沼渣肥的性质与一般有机肥相同，属于迟效肥料。总之，沼气肥是沤制腐熟后的优质肥料，不仅供给植物营养，也可改良土壤的物理性状。

第二章 常用化学肥料的种类、性质及使用

第一节 氮 肥

氮素是作物的主要营养元素,是植物体内氨基酸的组成部分,是构成蛋白质的成分,也是植物进行光合作用起决定性作用的叶绿素的组成部分。氮还能帮助作物分蘖,施用氮肥不仅能提高农产品的产量,还能提高农产品的质量。

一、植物氮的营养作用

(一)作物体内氮的含量与分布

一般说,作物氮的总含量为作物干物质重的 0.3%~5%,其含量的多少因作物种类、器官、发育时期不同而异。含蛋白质高的其含氮量宜高,否则相反。豆科作物含氮量比禾本科作物多些,种子与叶部含氮要比茎秆和根部含氮多些。豆科作物籽粒中含氮为 4.5%~5%,其茎秆中含氮为 1%~1.4%;而小麦种子中含氮为 2.2%~2.5%,茎秆中含氮仅 0.5% 左右。同一植株的各器官中氮的含量也不相同(以玉米为例,如表 2-1 所示),这也是它们含有的蛋白质和叶绿素量不同之故。

表 2-1 玉米各器官的含氮量

器官类别	叶	叶鞘	茎	雄穗	果穗			
					籽粒	穗轴	苞叶	果穗梗
含 N(%)	2.0	0.4	0.7	0.7	1.5	0.2	0.4	0.5

在作物的不同发育时期,随着体内碳、氮代谢的不断变化,植株含 N 量均有其各自的变化规律,不因施肥水平和品种等条件而异。

(二)作物体内含氮化合物的种类

在作物体内氮的最重要作用是由于它存在于蛋白质分子的结构中。蛋白质中氮的含量占 16%~18%。蛋白质是细胞原生质的重要组成部分。在作物生长发育过程中,体内细胞的增长和分裂形成新细胞,必须有蛋白质;没有蛋白质,作物体内新细胞的形成将受到抑制,生长发育则缓慢或停滞。

氮还是细胞核中核酸的组成部分。RNA 和 DNA 等,也都是氮素化合物。核酸与蛋白质的合成有密切联系。mRNA 是合成蛋白质的模板,没有 mRNA,就不能合成蛋白质。DNA 是遗传的物质基础,作物体的遗传信息靠 DNA 传递。

氮也是作物体内许多酶的成分。酶本身就是蛋白质,作物体内的各种代谢过程都必须有相应的酶参加,起生物催化作用,因而氮素通过酶又间接影响作物体内的物质转化过程。

氮又是作物体内叶绿素的重要组成部分。叶绿素是作物进行光合作用的场所。因此,叶绿素含量的多少,直接与光合作用的产物碳水化合物的形成密切相关。作物缺氮时,体内叶绿素含量减少,作物叶色呈浅绿色或黄色,其光合作用减弱,碳水化合物产量降低。

植物体内一些维生素(如维生素 B_1、B_2、B_6 等)也含有氮。他们是辅酶的成分,参与植物的新陈代谢。某些生物碱(如烟草中的烟碱、茶叶中的茶碱)中都含有氮,没有氮他们就不能合成。

(三)作物对氮的同化

作物根系从土壤中吸收氮主要是硝酸根离子(NO_3^-)和铵根离子(NH_4^+)低浓度亚硝酸根离子(NO_2^-)也可被作物吸收,但浓度较高,则对作物有害。一般土壤中亚硝酸盐含量极少,对作物营养的意义不大。某些可溶性的有机态氮化合物,如各种氨基酸、酰胺及尿素等,也能直接被作物吸收,但数量有限,其营养意义不及铵态氮和硝态氮重要。

(四)铵态氮和硝态氮的营养特点

铵态氮和硝态氮作为作物的氮源都能很好的被利用,而且在作物体内的同化过程,除硝态氮还原到铵的途径以外,其余的过程是相同的。硝态氮是氧化态,呈阴离子;铵态氮是还原态,为阳离子,两者含氧不同,所带的电荷不同,对作物的营养功效有所不同。因为不同作物对铵态氮和硝态氮的利用是不同的,环境条件也影响对它们的吸收利用。现分别加以讨论。

1. 作物种类

各种作物虽然都能吸收利用铵态氮和硝态氮,但不同形态的氮素对作物营养和生长的影响并不一样。水稻是典型的喜铵作物,施用铵态氮较硝态氮效果好。因为水稻幼苗根内缺少具有能还原硝酸盐的硝酸还原酶,但在硝酸盐的溶液中,经过短期诱导,也能适应形成。所以,也能同化硝酸态氮,但其效果仍不及铵态氮。这是因为在淹水土壤中,硝态氮容易淋失和反硝化脱氮损失所致。

甘薯、马铃薯也适宜用铵态氮。因为这类作物含碳水化合物较多,吸收 NH_4^+ 后立即同化为有机含氮化合物,如氨基酸、酰胺等,故不会造成氨的积累而受害。

烟草施用硝态氮效果较好。硝态氮有利于促进柠檬酸和苹果酸的积累，能增强烟叶的燃烧性。而铵态氮能促进烟叶内芳香族挥发油的形成，促进烟草的香味，因此，这两种形态氮源配合施用，能改善烟草品质。

甜菜施用硝态氮肥效果较好。因其种子小，幼苗中含碳水化合物少，所以，在生长初期不宜施用铵态氮肥，否则易于中氨毒。同时，甜菜根汁中不宜含有多量酰胺（如天门冬酰胺或谷氨酰胺）和生物碱（如甜菜碱与胆碱），若施用铵态氮肥，后期易形成酰胺和生物碱，妨碍糖的结晶，影响品质。由于甜菜是喜钠作物，在氮肥中以硝酸钠为合适。

其他作物如小麦、玉米、棉花、向日葵、大麻等，也都喜好硝态氮。惟在多雨或有灌溉条件的地区，施用硝态氮肥容易流失，仍以施用铵态氮肥为宜。

有些作物在不同生长期所需氮素形态也有差异。如番茄在生长前半期体内的还原过程占优势，适宜施用铵态氮肥；而在生长后半期氧化过程占优势，适宜施用硝态氮肥。

2. 环境条件

首先，介质反应，特别是根际酸碱反应，对阴阳离子吸收有一定的影响。从研究甜菜得知，在 pH 值为 5.5 时，施用硝态氮的甜菜产量比铵态氮高；而在 pH 值为 7.0 时，施铵态氮的产量较硝态氮高。在 pH 值较高的情况下，不仅植株吸收铵态氮较多，同时体内氨基酸也较多。

其次，介质中的离子也影响作物对铵态氮和硝态氮的吸收，Ca^{2+}、Mg^{2+} 等离子的存在，有利于植物利用铵盐，而 K^+ 离子的存在则有利于硝态氮的吸收。在酸性土壤上施用适量石灰，不仅起中和反应，有利于植物利用铵盐，而且由于 Ca^{2+} 与 NH_4^+ 以及 Ca^{2+} 与 H^+ 均有拮抗作用，可以减少乃至避免氨盐的毒害，可使植物能更好地利用铵态氮肥，故能提高其肥效。

再次，介质通气状况也影响铵态氮和硝态氮的效果。番茄培养液通气时，能加速铵态氮和硝态氮的吸收，而对前者更为明显。如供氧不足，硝态氮可作为呼吸过程中氧的来源，所以，吸收硝酸盐时较吸收铵盐时所需的氧少；而且有迹象表明，氧对硝酸盐的还原反应有抑制作用。还有实验证明，光合作用放出的氧有利于氨的同化，但对硝态氮的同化就没有这种效果，可见，光照对铵态氮的吸收和利用也有影响。综上所述，铵态氮和硝态氮都是同样好的氮源，但是由于作物种类和环境条件不同，其营养效果有一定差异。施用时，必须根据当地作物、土壤和气候条件，合理分配选用。

（五）氮素不足或过多对作物生长发育的影响

作物缺氮时，由于蛋白质形成少，细胞小而壁厚，特别是细胞分裂减少，使生长缓慢，植株矮小。同时，缺氮引起叶绿素含量降低，使叶片绿色转淡；严重缺氮时，叶色变黄。因为作物体内的氮素化合物有高度的移动性，能从老叶转移到幼叶；所以，缺氮症状通常先从老叶开始，逐渐扩展到上部幼叶。这与受旱叶片变黄不同，后者几乎同株上下叶片同时变黄。

在供氮不足时，许多作物随着碳水化合物及花青甙的逐渐积累而产生其他色素。例如：烟草、番茄等作物缺氮时，体内可形成花青甙，其叶脉和叶柄上出现紫色。苹果缺氮时，叶小而淡绿，老叶枯黄或变紫，提前脱落；叶柄与枝条的夹角小；枝条棕红色，细弱；花芽少，开花微弱，果实小。

增施氮肥能促进蛋白质和叶绿素的形成，使叶色深绿，叶面积增大，促进了碳的同化，有利于籽粒或果实产量增加，品质改善。氮肥用量增加，能显著增加籽粒中蛋白质的含量。

增施氮肥亦有利于提高玉米籽粒中油分的含量；同时使玉米籽粒中维生素 B_1 增多，而尼克酸减少。

如果氮素施用过多，则光合作用产物——碳水化合物大量用于合成蛋白质、叶绿素及其他氮素化合物，而构成细胞壁所需的纤维素和果胶形成减少；以致细胞大而壁薄，组织柔软；茎叶容易疯长，叶片下披互相郁遮，叶冠内部通风透光不良，贪青迟熟，籽粒不充实，导致产量下降，甚至会发生倒伏。苹果树体内氮素过多，则枝叶徒长，不能充分进行花芽分化；而且所结果实品质差，缺乏甜味，着色不良，延迟成熟。

二、土壤中氮素含量、形态及其转化

土壤氮素状况是土壤肥力的一项重要指标。了解土壤中氮素的含量、形态及其转化是保持和提高土壤肥力、合理施用氮肥的重要依据。

（一）土壤中氮的含量与形态

土壤中氮素的含量受自然因素（如植被、温度和降水量等）的影响较大，但受人为因素包括土地利用方式、耕作、施肥以及灌溉等农业措施的影响更大。一般，耕作土壤中氮化合物的来源有4个方面：①施入土壤的化学氮肥；②施入土壤的作物残体、绿肥、厩肥等有机肥料；③某些土壤微生物固定大气中的氮；④随降雨携带入土壤的铵盐和硝酸盐。土壤中的氮素亦随作物收获而带走，随灌溉、冲刷而流失，以及呈气态氮而挥失。

土壤的氮素含量是在这种循环下的一个平衡值。随着耕作制度的发展，含氮量也处于变化之中。一般耕作土壤氮素含量在0.02%~0.2%，除少数土壤外，大部分土壤含量较低，小于0.1%。土壤的氮素含量和土壤有机质的含量是密切相关的。土壤有机质含量愈高，含氮量也就愈高。土壤表层有机质的含量高，所以，土壤表层氮素含量也较低层为高。肥沃水稻土的养分指标是有机质含量2%~4%，全氮0.13%~0.23%，但是也往往有些土壤，养分贮量很高，而有效性不高，养分供应强度较弱，所以，要注意全面的评价土地肥力。

土壤中氮素的形态可分为有机态氮和无机态氮两大类。有机

态氮主要是动植物残体以及这类有机物经微生物作用后形成的腐殖质所组成。土壤中的氮绝大部分以有机态存在，其中除少量可溶性氨基酸和酰胺外，多数是植物不能直接吸收利用的氮化合物。有机态氮必须经微生物分解，转变为无机态氮后，才能为作物所利用。但无机态氮也能和土壤中某些有机成分起化学反应，生成作物难以利用的有机态氮化合物。各种有机质土壤中碳的含量与氨的固定成正相关，其固定过程是由于土壤中有机质经微生物的分解，产生各种有机酸如原儿茶酸，先由细菌进行氧化，最后则可与氨化合生成吡啶二羧酸，造成氨的固定。所以，土壤中有机氮的矿化作用和无机氮的固定作用保持着动态平衡。土壤中有机氮的矿化不仅与有机质总量及其 C/N 有关，而且在很大程度上受土壤水分、温度以及气候条件的影响。在气候温暖湿润情况下，有机氮的矿化速率较高，而在寒冷干旱情况下，有机质的分解及其释放出的无机氮化合物显著减少。

无机态氮一般只占总氮量的 1%~2%，常以硝态氮（NO_3^-）和铵态氮（NH_4^+）的形态存在于土壤溶液中，铵又能被土壤胶体所吸附。两者都是作物能直接利用的有效态氮。无机态氮容易从土壤中淋失和挥发，也能被土壤中黏土矿物和有机质固定，所以，土壤中有效氮的供应常处于不足状态。为了获得丰产，施用化学氮肥是十分必要的。

（二）土壤中氮的转化

1. 土壤中有机态氮的释放

土壤中的氮素约有 30% 是以蛋白质态存在，50% 以上存在于腐殖质类化合物中。这些迟效态氮需要在微生物的作用下，逐步水解成各种氨基酸，再通过氨化过程分解为氨和铵盐，才能被作物吸收利用。

参与氨化作用的有细菌、放线菌和真菌等多种异养型土壤微生物。脱氨基作用有氧化、还原、水解、转位等多种形式。因此，微生物在不同条件下，可以进行各种形式的氨化作用。水、旱田的土壤都会发生氨化作用。氨化作用的速率由土温、反应、水分、通气及土壤种类等条件决定。土壤湿润（田间持水量的60%~80%）、高温（30~45℃）以及中性—微碱性反应环境，一般可以促进氨化作用。环境条件相同时，则与有机质的含量和组成，特别是碳氮比（C/N）有密切关系。当土壤中C/N小的有机物含量高或施用有机肥多时，氨化作用比较旺盛，土壤氨态氮数量较高。

在通气良好时，氨在土壤中还能进一步经硝化细菌的作用，最后产生硝态氮。这个由氨转化成硝酸的过程称为硝化作用。硝化作用有两群不同的细菌：一是亚硝化细菌将氨氧化为亚硝酸，如亚硝化毛杆菌属将氨氧化为亚硝酸；二是硝化细菌，如硝化杆菌属，可将亚硝酸氧化为硝酸，这些细菌利用氧化时产生的能量生活。

$$2NH_3 + 3O_2 \rightarrow 2HNO_2 + 2H_2O + 661.39 kJ$$
$$2HNO_2 + O_2 \rightarrow 2HNO_3 + 175.81 kJ$$

由于亚硝酸盐转化为硝酸盐的速度，一般比氨转化为亚硝酸盐的过程快，所以，土壤中亚硝酸盐的含量通常是比较少的。

硝化细菌对环境条件极为敏感，他比大多数异养型微生物敏感得多。因此，在田间土壤中，硝化作用的速度受土壤条件的强烈影响，其中包括通气、温度、湿度、反应、游离氨的影响以及C/N等。

硝化作用是一种氧化作用，只有在通气良好的条件下才能顺利进行。通过耕作、排水等措施，都能促进通气，有利于硝化作用。

硝化作用唯有在温暖而潮湿的土壤中才能迅速进行，随着温度增加而增加，在25~30℃时达到高峰；当土壤温度低于4~5℃时，硝化作用便进行得很慢。在春季播种时，硝化作用迟缓，采用少量速效氮肥做种肥，可补偿土壤中有效氮的不足。土壤含水量也明显的影响硝化作用的速率，过干或过湿的土壤，不利于硝化作用的进行，当水分达田间持水量的60%左右时，硝化作用旺盛。

硝化细菌最适宜在pH值6.5~7.5的环境中活动，过酸过碱的土壤会抑制硝化作用的进行。在pH值4~5的酸性土壤中，硝化作用非常缓慢。但土壤pH值和硝化作用速度之间没有明显关系，这也许是因为酸度的作用系通过活性铝离子毒害作用而来的。

土壤中游离氨特别能抑制硝化作用，而硝化杆菌对氨毒害作用的反应比亚硝化毛杆菌更为敏感。因此，在中性或石灰性土壤上，大量施用尿素或无水氨，以及在一些pH值高的土壤中，施用铵态氮肥时，都容易导致土壤中亚硝酸盐的形成，尤其在寒冷气候条件下，当温度对硝化作用不利时，亚硝酸盐就有积累。亚硝酸盐的积累对作物有毒害作用。在温室秧床出现死秧现象。一般壤质或黏质土壤，具有适当的盐基交换量，可吸收氨和铵离子；在这种土壤中硝酸盐的积累少，当施用尿素或无水氨做氮肥时，它能减少亚硝酸盐积累的危险。

如果土壤中施用大量未腐熟的有机肥，则将影响硝化作用的进行。这是因为微生物在分解C/N高的有机物时，获得的能量较多，而氮素则不足，因此，就要摄取土壤中的无机氮来构成微生物躯体。这样就没有多余的氨供硝化细菌进行硝化作用，以致造成暂时的缺氮现象。因此，有机肥料常需腐熟后施用。

2. 土壤无机态氮的损失

土壤中的无机态氮以及当年施入的化学氮肥，未能全部被作物利用。有的通过氨的挥发而损失，或者由于硝酸盐的反硝化作用，成为N_2及N_2O气体而损失，也有通过硝酸盐的淋失而损失的。

(1) 氨的挥发损失 土壤中大量施入氮肥时,它就形成铵盐溶液或气态氮。一般,在土壤 pH 值低时,主要以铵离子形态存在;而在土壤 pH 值高或肥料浓度高时,它大部分呈游离态氨存在。游离态氨容易以气态逸失。我国北方地区大面积土壤因含不同程度的石灰或盐碱,施用铵态氮肥其挥发损失是较为突出的问题。在石灰性土壤上,如硫酸铵撒施于土表,很快转化为碳酸氢铵,再进一步分解形成氨,在 6~9 天内氨的挥发损失量可达 7.5%~12.9%。尿素施在土表或施后盖土不严,在土壤 pH 值为 7 时,就可变为氨气而挥发损失,当土壤 pH 值达 7.7 左右时,氨气的挥发损失更严重,有时可达施肥量的 20%~40%。

土壤碱性愈强,以及高温、大风、蒸发剧烈,则施在土表的铵态氮肥中铵的挥发损失就愈大。土壤质地粗、盐基交换量低者,损失量亦多。采取氮肥深施、集中施、施后严密盖土等方法,由于土壤对铵离子以及挥发出来的氨分子的吸收和吸附,这类损失可大大减少。

(2) 硝酸盐的反硝化作用 硝态氮还原成气态氮(N_2O 和 N_2)的生化反应称作反硝化作用。很多种细菌都能进行反硝化作用,这类细菌统称谓反硝化细菌。反硝化细菌都是兼性的,在好气、嫌气条件下都能生活。在好气条件下,反硝化细菌进行有氧呼吸,以 O_2 为最终受氢体,在这种情况下,反硝化作用微弱。在嫌气条件下,反硝化细菌以硝酸为最终受氢体,产生亚硝酸、N_2O 或 N_2。这种作用也称为脱氢作用。

在缺氧($O_2 < 1$%~2%)、有新鲜有机能源存在,pH 值在 5~8,温度在 30~35℃时,有利于反硝化作用的进行。一般稻田的反硝化损失比旱作土壤显著的多,反硝化脱氢往往是水田氮素损失的主要途径。水田施化学氮肥(面肥),由于脱氢作用而损失的氮,可达施用量的 30%~50%。旱田由于局部的或短时间的通气不良,也可产生反硝化作用。有人认为,甚至在一些通气

良好的土壤上也有可能存在反硝化作用。

现在对于反硝化作用，不仅在农业上，而且在环境保护上也引起重视。由于反硝化作用的主要产物是 N_2O，其次是 N_2。N_2O 到达同温层可进行光化学反应而形成 NO_x，NO_x 与 O_3 作用形成 O_2，因而降低臭氧层阻挡宇宙射线的作用，使宇宙射线到达地球的量增加，认为这可能引起皮肤癌。

在农业生产上，施用铵态氮肥后随即耘田，把肥料耕入还原层中，或采用深施，以及用硝化抑制剂，都能减少水田中铵进行硝化，从而提高氮肥肥效。旱田采用土壤耕作措施，调节土壤中的空气、水分，使达到合适比例，以及硝态氮肥不与新鲜厩肥、蒿秆等 C/N 大的有机物同时施入，都能防止反硝化作用的发生。

(3) 硝酸盐的淋洗损失　硝酸态氮带负电荷，不能被带负电荷的土壤胶体吸附保存，故易随水渗漏或流失。硝态氮的淋失与降雨成正相关，在旱田施用硝态氮肥显然要优于铵态氮肥。根据山东、河南等省的小麦试验表明，硝态氮肥的肥效相当于硫酸铵的 136%。

土壤中的氮素由于有机氮含量不多，无机氮含量更少，故一般不能满足作物生长发育的需要。要供给作物丰富的氮素以达高产稳产的目的，需要在农业技术配合下，合理的种植豆科绿肥作物，多施有机肥料，同时还必须大力发展化学肥料，才能为发展农牧业生产提供丰富的物质基础。

三、氮肥的种类、性质和施用

常用的氮肥品种大致分为铵态、硝态和酰胺态 3 种类型，现分别介绍各种形态氮肥如下。

(一) 铵态氮肥

1. 碳酸氢铵

简称碳铵，它是用氨水吸收二氧化碳制成的。

(1) 性质　碳铵含 N 量为 17% 左右。为白色细粒结晶,有强烈的氨臭味。它易溶于水,在 20℃ 时,100g 水中可溶解 20g,肥效迅速。碳铵的水溶液呈碱性,pH 值为 8.2~8.4。干燥的碳铵在常温（20℃）下基本稳定,当温度升高而空气湿度较大时,则易吸收分解,因此,造成氮素的挥发损失。

影响碳铵分解的主要原因是温度和湿度,当温度升高到 30℃ 时,即大量分解,尤其是有水分存在时分解最快。干燥的碳铵 10 天只分解 3.79%；含有水分 4.8% 的碳铵,第一天就分解 11.85%,到第 10 天达 93%,比干燥碳铵分解率大 27 倍多,几乎全部分解挥发了。所以,碳铵在贮存和运输过程中,都要包装严密,保持低温干燥。

(2) 在土壤中的转化　碳铵施入土壤后,能很快的溶于水,产生 NH_4^+ 和 HCO_3^-,它们均能被作物吸收,在土壤中不残留任何成分,因此,长期施用碳铵对土壤性状不会产生不良影响。碳铵施入土里,最初有增加土壤碱性的趋势,但当进行硝化作用时,土壤 pH 值则有下降的趋向,但一般对土壤酸度影响不大。因此适于各种土壤,对大多数作物均有良好的作用。

(3) 施用　碳铵宜做底肥和追肥,不宜做种肥或施在秧田里,无论在水田或旱田均宜深施（6.7~10.0cm）,并应立即覆土,以防氨的挥发。近年来,广大农民和科技人员针对碳铵有容易吸湿和挥发的缺点,创造了许多减少和挥发损失的施用方法。例如,将碳铵与有机肥或黏土等制成球肥,用人工方法进行水稻深施追肥。还有把碳铵粉肥用机械压制成 0.5~1g 重的粒肥,进行深施,均能较大的提高肥效。

碳铵粒肥深施比粉状碳铵撒施有明显增产作用,其增产幅度为 10%~15%,平均每千克碳铵粒肥比粉状的可增产稻谷 1.5kg 左右。碳铵粒肥在小麦、玉米等旱作上施用,也有显著增产作用。试验证明,碳铵粒肥具有肥效长、后劲足的特点,对小麦、玉米都有促进穗大粒多，增加千粒重的明显作用。在同样施肥条件下，每千克碳铵粒肥比粉肥平均多增产小麦1.4kg，玉米0.85kg。

以下是碳铵的施用方法。

①底肥深施。在旱田，可结合耕地将碳铵均匀的撒在地面，随机翻耕入土。要求做到随撒随翻，以减少挥发损失。在进行垄作的地区，可结合做垄将碳铵条施在犁沟里，随即覆土6.7～10.0cm。施肥量以每亩25～30kg为宜。碳铵粒肥可以比粉肥适当减量。

在水田，结合耕田时，先把碳铵均匀撒在田面，立即翻耕入土10.0～13.3cm深，使肥料处于还原层中，随施肥随耕地，耕后及时灌水泡田。水田施用碳铵做底肥，还可采用全层施肥法，即翻耕后将碳铵撒在田面上，并随即耙田，使肥料混入土中。以后立即灌水整地，然后插秧。如果是盐碱较重的田块，可以在泡田洗盐后施用碳铵，进行耙田，以减少淋失，提高肥效。施用量一般每亩20～25kg。

②追肥沟施、穴施。旱田作物追肥，可在作物根旁6.7～10.0cm远，开6.7～10.0cm深的施肥沟或挖6.7～10.0cm深的小穴，把碳铵施在沟内或穴内，立即覆土盖严。每次亩施肥量10～15kg。如果深施粒肥，其肥效具有"缓、稳、长"的特点。追肥时（特别是穗肥）要提前3～7天施用，以满足作物需肥要求。粒肥深施肥劲快慢与土壤质地有密切关系。黏土来劲慢，而肥效则长；沙壤土来劲快，而肥效则短，壤土介于两者之间，这一特点，施肥时需注意。

在水田用碳铵追肥，是在水稻分蘖初期按行条施，每亩15～20kg。施用时保持适当水层，施后立即中耕除草，进行耘耥，使肥料被土壤吸收。如果水层太浅，下层稻叶易被氨气熏伤变黄，出现这种情况，应立即灌水，稻苗还可转绿。

2. 硫酸铵

硫酸铵简称硫铵。用合成氨或从炼焦、石油、有机合成等工业部门的副产品中回收氨，再用硫酸中和制得。

(1) 性质　硫铵含氮量20%~21%。为白色晶体，有极少量的游离酸存在。硫铵易溶于水，20℃时，100mL水能溶解75g硫铵。硫铵吸湿性小，有良好的物理性状，便于贮存和施用。但在潮湿多雨的季节，空气湿度大时，也常常吸湿结块，所以，贮存时也应注意通风干燥。

(2) 在土壤中的转化　硫铵施入土壤后，很快在土壤溶液中溶解，并解离成铵离子和硫酸根，二者均可被作物根系吸收。因为作物对各种营养元素有选择吸收的特性，吸收 NH_4^+ 多于 SO_4^{2-}，并与 H^+ 结合，使土壤变酸。通过生物选择性吸收所产生的酸度称为"生理酸性"，所以，硫铵属"生理酸性肥料"。

在酸性土壤中，施入硫铵后，铵离子与土壤黏粒上的氢离子交换形成硫酸。因此，在酸性土壤中，长期单独施用硫铵，会增加土壤酸度，所以，施用硫铵应配合施用有机肥料，宜可配合施用适量石灰。

在中性和微碱性土壤中长期单独施用硫铵能形成较多的硫酸钙。由于土壤胶体上的 Ca^{2+} 被淋失，并不断的减少，易使土壤结构变坏，土壤变板结。如配合施用有机肥料，可以改变土壤结构，消除由于单一施用硫铵而引起土壤板结的不良影响。在石灰性土壤上施用硫铵，土壤中有足够的碳酸钙，可以中和硫铵所引起的酸性。所以，在这种土壤中即使长期施用硫铵，也不会使土壤酸性增加。但由于土壤中含有大量碳酸钙，呈碱性反应，当硫铵施入土壤后，能与碳酸钙起化学作用，变成氨气跑掉，所以，在石灰性土壤上施用硫铵应深施盖土，防止氮素损失，一般气温越高，硝化作用越强。硝酸根不易被土壤吸附，易随水移动和被作物吸收。在水田中，硫铵表施容易产生硝化作用和反硝化作用，引起氮素的损失。为了防止脱氮，应深施。

（3）施用　硫铵适用于各类作物，可做基肥，也可做追肥和种肥。水田施硫铵应采用深施或追肥结合耘田的办法，防止硝化作用和反硝化作用交替进行。旱田施用硫铵时，干施、湿施均可，施后立即覆土。具体施用方法与碳铵相似。一般旱田每亩施用量为 20~25kg，水田施肥量为每亩 25~30kg。

硫铵可做种肥，用量少，但效果大，增产显著。一般每亩用量 5kg 左右，掺 5~10 倍腐熟有机肥或肥土一起施用。根据不同播种方式，可穴施或条施，施在种子下方，注意隔土，尽量勿与种子接触，以免影响种子发芽。小麦播种时每亩麦种拌 2.5~5kg 硫铵，一般可增产 10%~20%。拌种时应注意种子和肥料必须是干燥的，随拌匀随播种。不可用湿种子拌种，以防烧伤种子。在水稻地区，农民有用硫铵蘸秧根的经验。按每亩 2.5~5kg 硫铵和腐熟的有机肥料或肥土加水调成糊状，随蘸随栽，既节省肥料又可集中施肥。

3. 氯化铵

（1）性质　氯化铵含氮 24%~25%，为白色结晶，吸湿性比硫铵稍大，容易结块，它易溶于水，肥效迅速。

（2）在土壤中的转化　氯化铵在土壤溶液中能解离为铵离子和氯离子，铵离子易被作物吸收，残留的氯离子被代换出的氢离子结合，使土壤酸化。氯化铵使土壤变酸的程度比硫铵严重。因此，在酸性土壤上应注意配合施用石灰和有机肥料。在石灰性土壤上，铵离子与土壤胶体上钙离子进行交换，生成氯化钙。氯化钙易溶于水，在排水良好的土壤中，可以被雨水或灌溉水淋洗掉。所以长期单独施用氯化铵，会引起土壤板结。但在排水不良或干旱地区，氯化钙就会在土壤耕作层中累积，对种子发芽和幼苗生长不利。所以，在排水不良的低洼地、盐碱地和干旱缺雨地区，最好少用或不用。

此外，氯化铵在土壤中进行硝化作用比较慢，这可能是氯离子影响硝化细菌的活动，使硝化作用难于进行。因此，可使铵离子较多的保存在土壤中而不易被流失，所以，氯化铵施于水田效果比硫铵好。水田中施用氯化铵，不会像硫铵那样容易还原产生H_2S，引起水稻根系变黑腐烂。

（3）施用　氯化铵可做基肥和追肥，施用方法与硫铵相同，其施用量一般为每亩15~20kg。氯化铵不宜做种肥和秧田施肥。尤其不要和种子接触，更不能和种子拌在一起。如果接触种子，会影响种子发芽以及造成烧苗现象。

氯化铵中含有大量的氯离子，对于某些忌氯作物，如烟草、甜菜、甘蔗、马铃薯、葡萄、柑橘等不宜使用，否则会降低品质。氯化铵适宜在水田和水浇地施用。在没有水浇条件的旱地以及排水不良的盐碱地和干旱缺雨地区最好不用氯化铵，而选用其他氮肥。在酸性土壤上施用氯化铵要注意配合石灰或其他碱性肥料，但需分开施用。

(二) 硝态氮肥

1. 硝酸铵

简称硝铵，由硝酸与氨化合而成。

（1）性质　硝铵为白色结晶，含氮量较高，达33%~34%。其中硝态氮和铵态氮各半，两者均能被作物吸收。

硝铵吸湿性很强，容易结块，有时潮解成糊状，施用困难。贮存时应注意阴凉干燥。工业上有制成颗粒状的硝酸铵，在颗粒表面包上一层疏水物质做防潮剂，吸湿性小，不结块，施用方便。

硝铵能助燃，在高温下易分解成气体，使体积骤增而引起爆炸。所以，不能将硝铵同油脂、棉花和木柴等易燃物品放在一起，要严格做好防火工作。对已受潮结块的硝铵，可用木棍敲碎，或用水溶化后施用，勿用铁锤重击，以免发生爆炸。

（2）在土壤中的转化 硝酸铵施入土壤后，很快溶解在土壤溶液中，并解离成铵离子和硝酸根。铵离子在土壤中的变化和铵态氮肥中的铵离子相同，而硝酸根不能被土壤黏粒吸附，易随水分运动而流失。在多雨地区、沙质土壤以及水稻田，硝态氮的淋失比较严重。

水田施用硝态氮肥，还能引起反硝化脱氢。因此，水田施用硝铵的效果不及硫铵，通常只有硫铵肥效的 50%~70%，而旱田施用硝铵的效果往往较水田为好。

（3）施用 硝铵适宜在北方干旱地区施用，在旱田宜做追肥。因硝铵含氮量较硫铵高，用量可适当减少，做追肥每亩用量为 12.5~15kg，可分期施用。尤其在降水量较多的地区，更应多次分施。硝铵不宜在水田施用，如果水田施用硝铵，要讲究施用时期和方法。一般应在水稻幼穗形成期追肥，因为这时水稻需肥多，吸肥快，肥分损失小。每次追肥量不宜多，一般每亩 10~15kg。施肥时水层放浅至 3.3cm，并堵好水口，施后停灌 3~4 天，在恢复正常水层，以免肥分流失。

2. 硝酸钙

石灰石中和硝酸即可制得硝酸钙，又叫四水硝酸钙。硝酸钙的含氮量仅 13% 左右，其吸湿性很强，容易结块，应贮存在通风干燥的地方。

硝酸钙为生理碱性肥料，它含有 Ca^{2+}，连年施用不仅不会使土壤的物理性质变坏，还能改善土壤的物理性质。因此，硝酸钙适用于各种土壤，特别是在缺钙的酸性土壤上效果更好。硝酸钙最好做追肥施用。如做基肥时，可与腐熟有机肥配合施用。每亩用量 20~30kg。由于硝态氮易随水淋失，因此，不宜在水田和多雨地区使用。

(三)酰胺态氮肥

主要有尿素,介绍如下。

(1)性质 尿素是用氨和二氧化碳为原料,在高温高压条件下直接合成的。尿素的分子式为$CO(NH_2)_2$,含N 46%,是固体氮肥中含氮量最高的一种。尿素为白色结晶,在常温下(10~20℃),吸湿性不大,但当温度超过20℃、相对湿度超过80%时,吸湿性也就随之增强。因此,应存放于阴凉干燥处。目前生产的尿素多加入疏水物质如石蜡等,制成颗粒状,吸湿性大大降低。

尿素易溶于水,20℃时,100mL水能溶解100g尿素,其溶解度较硝铵小,但远比硫铵高。虽然尿素分子用于根外追肥时能直接被作物吸收,但施在土壤中,要经微生物的作用,转化为碳酸铵后,才能被作物吸收利用,所以,肥效就不及铵态氮和硝态氮肥效快,尿素为中性肥料,不含副成分,由于NH_4^+和HCO_3^-均能被吸收利用,连年施用,也不致破坏土壤结构。

(2)在土壤中的转化 尿素施入土壤中,以分子态溶于土壤溶液里,能被土壤胶体所吸附。尿素以整个分子被土壤和黏土矿物所吸附,它与土壤的结合力往往比土壤与NO_3^-离子的结合力要强。土壤对尿素的直接吸附,可以在很大程度上防止尿素的淋溶损失。一般含腐殖质多的盐基饱和度大的土壤对尿素的吸附比含腐殖质少的土壤要强。

尿素在土壤中微生物分泌的脲酶的作用下,促使水解成碳酸铵或碳酸氢铵,铵离子能很好的被土壤吸附。分解速度与土壤酸度、温度、湿度有关。土壤呈中性反应,水分含量适当时,温度越高,分解就越快。在10℃时,需7~10天;20℃,4~5天;30℃时,2天就完全转化为碳酸铵。碳酸铵很不稳定,在土壤中或土壤表面上分解形成游离氨,部分挥发损失。所以,尿素也要深施覆土,防止氮的损失。

（3）施用 尿素可做基肥和追肥，一般不做种肥，秧田也不要使用。因为高浓度的尿素能破坏蛋白质的结构，使蛋白质变质，影响种子发芽和幼苗根系生长，严重时能使种子失去发芽能力。如果做种肥施用，需先和干细土混合施在种子下一定的距离，避免肥料和种子直接接触。

①做基肥。尿素做水田基肥时，要在灌水前5～7天撒施翻耕到土内，施用后不要急于灌水，待尿素转变为碳酸铵后，再进行灌水整地，以免肥分流失。最好在整地时用作耙面肥，深度以10cm左右为宜。在整地过程中不能随便放水。基肥用量一般是每亩5～7.5kg。

在旱田施用时，应深施盖土10cm左右，可减少氮素挥发损失。可在耕翻后耙田前，掺少量有机肥（猪粪），混匀后撒施，然后耙入土中，做到全层施肥。每亩用量5kg左右。

②做追肥。尿素用作水田追肥时，要先排水，保持浅水层，再结合除草耘田深施。施后二三天内要灌水。追肥时期要比硫铵适当提前几天。每亩每次施5～7.5kg。尿素宜做旱田追肥。对玉米、高粱、谷子等作物可在拔节到孕穗时，穴施或沟施，并应深施盖土，防止分解后挥发损失。施用时期应比追硫铵提前4～5天，施用量每亩每次7.5kg。

③做根外追肥。尿素做根外追肥比其他氮肥效果好，其原因是：尿素是中性肥料，而且是有机化合物，不含副成分，对作物茎叶灼伤很小；尿素分子体积小，容易透过细胞膜进入细胞，尿素本身有吸湿性，容易被叶片吸收；尿素往叶内透入时，引起质壁分离的情况较少，即使发生，也容易恢复。每亩每次用尿素0.5～1.5kg，每隔7～10天喷一次，一般要喷2～3次。喷施时间以清晨或傍晚较好。

尿素中含有少量的缩二脲，如浓度过大，对作物有害。各种作物对缩二脲毒害的敏感性不同，如马铃薯比较敏感，容易受害；而棉花、水稻等很少受害。一般尿素中缩二脲含量小于1%，可以不考虑。但做根外追肥的尿素，其缩二脲含量不得高于0.5%，以免伤害叶片。

四、氮肥的合理分配与施用

研究氮肥的合理施用的基本目的在于减少氮肥损失，提高氮肥的利用率，充分发挥肥料的最大增产效益。

（一）氮肥的合理分配

1. 根据土壤条件

土壤条件对氮肥品种的选择和分配有密切关系。一般碱性土壤，可以选用酸性或生理酸性肥料，如硫酸铵、氯化铵等铵态氮肥，因能调节土壤反应，同时在碱性条件下，铵态氮也比较容易被作物吸收；而酸性土壤，应选用碱性或生理碱性肥料，如石灰氮、硝酸钙等，可以降低土壤酸性，另一方面，在酸性条件下，植物也易于吸收硝态氮。在盐碱土中，不宜分配含氯离子多的氯化铵，以免增加盐分，影响作物生长。

土壤肥力高低与氮肥分配也有关系。"肥劲长而稳"的肥沃土壤，施氮量宜少，施肥次数也可以少些，施氮时期不宜过迟，以免作物贪青晚熟。"有前劲而后劲不足"的土壤，施肥时要注意少量多次施用，尤其应注意防止作物后期脱力早衰。"有后劲而前劲不足"的土壤，应注意前期施速效氮做基肥和面肥，提苗发根并防止作物后期贪青倒伏等问题。

2. 根据作物营养特性

各种作物对氮素的要求不一样。如水稻、小麦、玉米等作物需要较多氮肥，甘蔗、叶菜等需氮量更大，而豆科作物能利用空气中的游离氮，对氮肥的要求没有那么迫切。所以分配氮肥时，应重点供应需氮较多的作物，特别是粮食作物，而豆科作物可少施或不施。

不同作物对氮肥品种的选择也有不同。水稻宜用铵态氮肥，尤以氯化铵、尿素效果好。在排水不良的水稻土中，硫酸盐常被还原为硫化氢，妨碍水稻根部的呼吸和养分吸收。马铃薯也是用铵态氮肥较好，因硫对马铃薯生长有力，最好使用硫铵。含氯根的氯化铵会妨碍薯类淀粉的积累，应少用或不用。甜菜适宜施硝态氮肥，以硝酸钠为最佳。烟草以硝酸铵比较好，因硝态氮和铵态氮相配合，能改善烟叶品质。含氯根的肥料，会妨碍烟草燃烧性，应避免使用。而一般禾谷类作物，硝态氮和铵态氮肥料都同样有效。

作物各个生育期施氮的效果也不一致。一般在作物的需肥关键时期如营养临界期或最大效率期，进行施肥，增产作用显著。如早稻一般要蘖肥重，穗肥稳，粒肥补，即前促、中控、后补。晚稻除酌施分蘖肥外，要重施穗肥，看苗补施壮尾肥。再如玉米在抽穗开花前后，需要的养分最多，不论南方、北方、春玉米或夏、秋玉米，重施穗肥都能获得显著增产效果。因此，对各种作物的施肥，必须考虑到他们不同生育时期对养分的要求，掌握适宜的施肥时期和施肥量，这是经济使用氮肥的关键措施之一。

3. 根据各种氮肥特性

从不同氮肥特性来看，碳酸氢铵易挥发跑铵，宜做基肥深施。其他铵态氮肥品种，如硫铵、氯化铵也可做基肥深施。硝态氮肥在土壤中移动性大，肥效快，是旱田的良好追肥；一般水田追肥可用铵态氮肥或尿素。有些肥料对作物种子有毒害，如尿素、碳酸氢铵等，不宜做种肥；有些肥料如硫铵、硝铵等可做种肥，但用量不宜过多，并且肥料与种子间最好有土壤隔离。在雨量偏少的干旱地区，硝态氮肥的淋失问题不突出，因此，在分配时，以硝态氮肥较合适。而在多雨地区或降雨季节，由于硝态氮肥容易淋失，以分配铵态氮肥和尿素较好。

(二)氮肥的深施

氮肥深施就是将肥料施入耕层,覆土 6.7~10.0cm 深,不使肥料露于表层。这种施肥方法,增产效果显著。

氮肥深施可减少肥料的直接挥发、随水流失以及反硝化脱氢的损失,还可减少杂草和稻田藻类等对氮肥的消耗。深层施肥有利于根系发育,使根系深扎,扩大营养面积,提高根系活力,故养分吸收较多,为进一步提高产量提高物质基础。深层施肥肥效长而稳,后劲足。根据各地观察,一般氮肥表施的肥效仅有 10~20 天,而深施的长达 30~60 天,这样就可保证后期植株有较好的营养条件,可以巩固有效分蘖,增加每穗粒数,从而获得高产。但深层施肥见效慢,比表施迟 3~5 天,将会妨碍生育初期幼苗的生长,所以,氮肥深施时应配合施面肥或种肥,才能达到省肥高产的目的。

(三)氮肥与其他肥料配合施用

氮肥与有机肥配合施用对夺取作物高产、稳产、降低成本具有重要作用,而且又是改良土壤和提高肥力的重要手段。生产实践证明:单施氮肥,不注意与有机肥料配合,即使在短期内可能获得较高产量,但多年之后,土壤的物理、生物性质逐渐恶化,纵然不断增加氮肥用量,产量亦难以上升。若有机肥料与氮肥配合施用,既可满足作物对养分的全面需要,又能使土壤肥力不断提高。

氮肥和磷肥配合施用,可提高氮磷两种化肥的肥效。我国南方山区和丘陵地区的低产土壤多数缺磷,氮磷配合施用是低产变高产的重要措施。有些低产田由于缺磷,影响了作物很好地吸收利用氮素,对于这类土壤,应强调氮磷肥配合施用,才能充分发挥肥料的增产效果。一般土壤肥力水平越低,氮磷配合施用效果往往越高。在低产田氮磷配合比单施氮肥效果显著。在肥力中等的土壤上,氮磷配合也有较好的效果。而在肥力高的土壤上,由于磷肥效果较差，氮磷配合常无明显效果。当然随着生产的发展，复种指数的提高，产量也不断增加，增施磷肥，搞好氮磷肥配合施用更显重要。

在有效钾不足的土壤中，氮肥与钾肥配施，也能提高氮肥的效果，单施氮肥，不施钾肥，产量很低；增加氮肥用量，非但不能增产，反而减产。如果配施钾肥，增产效果非常显著。

第二节 磷 肥

磷是植物营养三要素之一。施用磷肥，可为粮、棉、油、绿肥、蔬菜、茶、桑和果蔬等提供足够的磷素营养，从而在其他条件协调配合下，提高产量，改善品质。

一、磷的营养作用

磷以多种方式参与作物的生命活动，在作物体内许多化合物中含有磷，有些化合物虽不含磷，但在转化过程中，确需要磷的参与，说明磷在作物新陈代谢过程中的重要功能。

（一）作物中磷的含量和分布

磷是作物灰分元素的一种，其含量（P_2O_5）一般为植物干物重的 0.2%~1.1%。磷是作物种子含量较多的营养元素，在数量上仅次于氮。不同作物种子中含磷量不同，禾谷类作物的籽粒往往低于豆科作物种子，豆科作物种子中含磷量又少于油料作物种子。

在作物生长期中，磷比较集中在富有生命的幼嫩组织里，因此，幼叶、顶芽和根尖以及繁殖器官是含磷量最高的地方，对于同一作物，生育期不同，其含量也有较大的变化，幼苗时，其体内的相对含磷量高于老熟的植株。

由此可见，磷在植株各器官中的含量和分布是与磷参与体内如核蛋白、脂类、植素等重要物质的形成、物质代谢、磷的高度再利用以及转运规律等生理因素密切相关。

(二)磷的营养功效

1. 作物体内重要化合物的组成元素

(1)核酸和核蛋白　磷是核酸的重要组成元素,而核酸又是形成核蛋白的重要组成成分。核蛋白存在于细胞核和原生质中,染色体也是由核蛋白组成。

核糖核酸和脱氧核糖核酸参加原生质及细胞器如质体、线粒体、微粒体等的组成；脱氧核糖核酸是构成遗传物质的基础；核糖核酸可为合成蛋白质提供模板进行蛋白质合成。因此，核酸是作物生长发育、繁殖和遗传变异中极为重要的物质。可见，磷的正常供应，有利于细胞分裂、繁殖和促进生长发育，当缺磷时，影响核酸、核蛋白的合成，使细胞的形成和增殖受到抑制，导致作物生长和发育停滞，根系发育不良，植株矮小。要使作物正常生长，就必须增施磷肥，改善磷素营养状况，以保证体内核酸和核蛋白的合成和复制，促进营养生长和生殖生长。

(2)磷脂　作物体内含有很多磷脂，磷脂与蛋白质一起构成生物膜，包括细胞质膜和细胞器的内膜系统。生物膜是外界的物质流、能量流和信息流进出细胞的通道，并对这3种流具有选择性，从而调节生命活动。总之，几乎所有的生命现象都与膜有关，而磷脂又是膜的重要组成部分。

质膜中的磷脂呈液晶状态，具有一定的流动性，而磷脂分子中脂肪酸的饱和程度可以影响质膜的流动性，饱和程度高的流动性较差，非饱和程度较高时，则相反。而且，两者可以相互转化，以适应温度环境的变化。因此，给作物以充足磷营养，可以提高作物对环境变化的适应能力。

(3)植素　植素是磷脂类化合物的一种，是贮藏组织(如种子)中的磷酸的特殊贮存形态，当种子萌芽时，植素在植素酶的作用下,形成游离态磷酸,供发芽和幼苗生长需要。

(4)腺三磷(ATP)及其他有机磷化合物　腺三磷在作物体内起着特殊的能量调节作用,是能量的"中转站"。它借助高能键的存在,具备大量的潜能。当腺三磷水解时,末端的磷酸根便很快脱出,形成腺二磷(ADP)而释放出 $25.12\sim33.49kJ$ 的热能。反应所产生的能量,一方面参与光合作用中二氧化碳的固定和还原,参与氨基酸的活化和蛋白质的合成,又为核酸、蔗糖等物质的形成以及养料的主动吸收提供所需的能量;另一方面,在光合磷酸化作用或氧化磷酸化作用下所产生的能量,通过腺二磷与无机磷化合而生成腺三磷,把能量又贮藏在高能键中。此外,磷还存在于各种脱氢酶、黄素酶、氨基转移酶中,他们是作物体内许多代谢过程中的重要催化剂。因此,提供磷营养是保证形成腺三磷和生成多种酶的重要条件,从而有利于作物体内各种代谢作用的顺利进行。

2. 加强碳水化合物的合成和运转

磷与蔗糖和淀粉的合成有着密切的关系。光合作用需要磷的参与。在光合作用过程中,将光能转变为化学能,是通过光合磷酸化作用,把光能贮存在腺三磷的高能磷酸键中来实现的。它可为合成蔗糖、淀粉以及其他多糖类化合物如纤维素等提供"能"量。同时,由己糖合成蔗糖和淀粉时,都需先经磷酸化作用,才能使合成反应顺利进行。

磷还能促进碳水化合物在作物体内的运输。总之,磷在糖代谢中起着重要作用,改善作物的磷素营养,就有利于蔗糖和淀粉的形成和积累。在生产实践中,施用磷肥,往往能获得良好的效果,如可以加速光合产物向根部运输,促使根系发达,增强根系吸收养分的能力;可使禾谷类作物籽粒饱满;纤维类作物纤维长度增加,拉力增强;甘薯和马铃薯中淀粉含量增加;甜菜、甘蔗和葡萄增加糖分。此外,磷还可使棉花、油菜、果树减少落花、落果和落荚，从而提高产量，改善品质。

3. 促进氮的代谢

磷是含氮化合物代谢过程中酶的组成之一，因此，磷是氮代谢过程中不可缺少的营养元素。对于豆科作物，磷还能提高共生的根瘤菌的固氮活性，增加固氮量。加强磷素营养，能提高作物蛋白质含量。而缺磷时，不但会影响蛋白质的合成，严重时，蛋白质尚有分解现象，致使可溶性含氮化合物增加，游离的氨基酸和酰胺均有显著的积累，极大地阻碍了作物体内氮素的正常代谢。因此，在缺磷的土壤上，单施氮肥是不能获得良好效果的，有时反因氮素供应过多而造成作物营养失调而受害。只有和磷肥配合应用，才能取得应有的增产作用。

4. 促进脂肪的合成

作物体内油脂的代谢也和磷有密切关系，从糖转化为甘油和脂肪酸的过程中和两者进一步合成脂肪时，都需要有磷的参加。增施磷肥，对油料作物的产量和质量都会有良好的反应。

5. 提高作物对外界环境的适应性

（1）增强作物的抗逆性　磷能提高作物的抗旱、抗寒、抗病和抗倒伏的能力。磷能提高细胞结构的充水度和胶体束缚水的能力，减少细胞水分的损失，并增加原生质的黏性和弹性，这就增强了原生质对局部脱水的抵抗力。同时，磷能促进根系的发育，使根伸入较深的土层中，增加吸收面积，加强对土壤水分的利用，减轻干旱所造成的威胁。

（2）增加作物对外界酸碱反应变化的适应能力　磷供应充足时，体内无机磷含量约占总磷量的一半。在营养生长期间，这些磷化合物是以 KH_2PO_4 和 K_2HPO_4 等形态存在的，它们对提高细胞内部的缓冲性能有重要作用，能使细胞原生质的反应保持比较稳定的状态，有利于细胞生命活动的正常进行。这种缓冲作用在 pH 值 6~8 时最大，因而在花碱地上施用磷肥，可以提高作物对碱性的抵抗能力。

总之，磷对作物的生长发育的影响是多方面的。及时供应适量的磷营养，能促进各种代谢过程的顺利进行，使体内的物质合成和分解，转运和累积得以协调一致，达到根深、秆壮、发育完善，促使作物提早成熟，提高产量，改善品质。

(三)作物对磷的吸收

作物主要吸收正磷酸盐，也能吸收偏磷酸盐和焦磷酸盐。后二者在土壤中或作物体中能转变为正磷酸盐。因此，正磷酸盐是作物吸收利用的主要形态。土壤溶液 pH 值是影响磷酸离子存在形态的主要因素。土壤 pH 值在 6.0~7.0，此时磷的有效性较高，有利于作物的吸收。作物不仅能吸收无机态磷酸盐，也能吸收某些有机磷化合物，而且吸收速率甚至超过无机磷酸盐。所以，在生产实践中，不可忽视施用有机肥料后，其中所含有机磷对作物的营养作用。

作物能从极稀的土壤溶液中吸收正磷酸盐，即进行逆浓度的吸收。被吸收的磷首先向生长最活跃的分生组织转移和积累，供细胞增值之用。磷具有被再利用的特性。据试验证明，作物生长前期吸收的磷，占全吸收量的 60%~70%，后期主要依靠磷在体内的转运再利用。它的转运率可达吸收量的 70%~80%，比氮的转运率高。因此，磷肥做基肥、种肥或早期追肥，对保证作物正常磷营养，提高磷素利用效率有重要意义。磷肥供应过晚，对碳、氮代谢，蛋白质、磷脂和糖类的积累以及产量和品质反而有不良影响。

作物吸收的磷是以氧化态的正磷酸进入作物体内的，以同一形态直接参与体内物质代谢，而无需经过还原转化。

磷素供应过少、过多时的症状如下。

(1)作物缺磷时，在形态表现上没有缺氮那样明显 但缺磷时，可以观察到如下几种症状。

由于缺磷，各种代谢过程受到抑制，植株生长迟缓，延迟成熟。缺磷时，叶色暗绿或灰绿，缺乏光泽，这主要是植株叶细胞发育不良，细胞变小的程度又大于叶绿素减少的程度，致叶绿素密度相对提高；同时，植株缺磷，有利于铁的吸收和利用，间接地促进叶绿素的合成，使叶色变深暗。当缺磷较严重时，植株内糖类相对累积，会形成较多的花青素。于是在不少的作物如玉米、番茄和油菜等茎叶上，明显地呈现紫红色的条纹或斑点。当严重缺磷时，叶片枯死脱落。症状一般从老叶开始发生。

缺磷可使禾谷类作物分蘖延迟或不分蘖；延迟抽穗、开花和成熟；穗粒少而不饱满；玉米果穗常有秃顶现象产生；造成油菜脱荚，果树花果脱落，甘薯、马铃薯的薯块变小，耐贮性差。

(2) 磷素过多对作物也会产生不良影响　因为磷素过多，强烈的增强作物呼吸，消耗大量糖分。谷类作物无效分蘖和瘪粒增加；叶肥厚而密集，植株矮小，繁殖器官过早发育；茎叶生长受到抑制，植株早衰；根系与茎叶之比变大，叶用蔬菜纤维增多，烟草的燃烧性变差，豆科作物籽粒中蛋白质含量降低，造成了品质变劣。磷素过多，能阻碍硅的吸收，水稻就易患稻瘟病。由于水溶性磷酸盐可与土壤中锌、铁、镁等营养元素生成溶解度较小的化合物，降低上述元素的有效性，使作物感到不足。因此，作物因磷素过多而引起的病症，通常以缺锌、缺铁、缺锰等失绿症表现出来。

二、土壤中磷的含量、形态和转化

（一）土壤中磷的含量

地壳中平均全磷含量（P_2O_5）约为 0.28%。但是，土壤中全磷量受到母质、成土过程以及耕作施肥的深刻影响，使耕作层中的全磷量变异很大，一般变动在 0.04%~0.25%。它的变异总趋势是，除我国西沙群岛等地受海鸟粪影响的土壤中含磷量特别高

(可达 0.5%~2%)外,通常土壤中全磷量自南至北渐次增高。所以,北方的石灰性土壤常比南方的酸性土壤含磷量要高。由于磷酸盐在土壤中的移动微弱,这又容易造成在同一地域内磷素含量分布明显的局部差异。

全磷含量的高低,可作为磷素养分潜力的相对指标。但对当季作物是否具有营养意义及其有效性,与各种含磷化合物在土壤中的形态及其转化有关。

(二)土壤中磷的形态和转化

土壤中的磷可分为无机态磷和有机态磷两大类。其比例视土壤母质成分和土壤有机质含量而定。它们在土壤中能起各种变化,而且彼此间也是可以相互转化的。

1. 无机态磷的形态和转化

无机态磷在土壤中可能存在的化合物有 30 余种,可归纳为三类:水溶性含磷化合物;弱酸溶性含磷化合物;难溶性含磷化合物。前两类在土壤中的含量极少,且不稳定,但易为作物吸收利用;第三类是土壤中无机态磷的主要部分,例如:我国北方黄土性土壤中的氟磷灰石和羟磷灰石的含量可占无机态磷的 60%~80%,溶解度小,不易为作物所吸收,只有在一定条件下进行转化后才能逐步有效化。

土壤中各种无机态磷酸盐无不依一定条件互相转化着,其变化可概括为有效磷的无效化,即磷的固定和难溶性磷的有效化,亦称难溶性磷的释放。

土壤中磷的固定主要是以下几种作用造成的:①化学固定作用。由化学固定作用所引起的土壤中磷酸盐的转化大体有两种类型:一种是为钙镁所控制的转化体系,它发生在石灰性土壤、中性土壤以及大量施用石灰的酸性土壤中。另一种则产生在酸性土壤中为铁、铝所控制的转化体系中。可溶性磷酸盐的化学固定在各类土壤中都会发生,其结果都导致磷酸盐的溶解度变小,对作物的有效性降低。②阴离子交换吸附作用。这种固定作用主要发生在酸性土壤中，在黏土矿物的晶格表层有许多 OH^- 群，在酸性条件下，晶格表层 OH^- 能部分解离，并和磷酸离子进行阴离子交换，而被黏粒所吸附。③生物固定作用。生物固定是指土壤微生物吸收有效性的无机磷酸盐，用以构成生物体的成分而言，这种固定作用是暂时的，当微生物死亡分解以后，磷又重新释放出来供作物吸收利用，或又进入无机态磷的转化过程中去。

由此可见，土壤化学性质、物理化学特性以及微生物活动等因素，都能引起土壤中有效磷的固定，使其成为作物不易吸收利用的难溶性状态。这种固定作用，一般来说，在土壤反应为微酸性至微碱性范围内和有机质含量高的熟化土壤中表现较弱，土壤中磷的有效性也较高。

土壤中难溶性磷酸盐和闭蓄态磷酸盐同样能在一定条件下进行转化，使之变为溶解度较大的磷酸盐或成为某些有效性较高的非闭蓄态磷，补充着土壤有效性磷，供作物吸收利用。例如：在石灰性土壤上，难溶性磷酸钙盐可借助作物与微生物的呼吸作用和有机肥分解所产生的二氧化碳、有机酸的作用，逐渐转化成有效性较高的磷酸盐。

2. 土壤中有机磷的形态和转化

土壤中有机磷化合物来源于动植物和微生物残体。因此，与土壤有机质含量有密切关系，在我国南方，水稻土有机磷含量一般占全磷的 20%～50%。在东北地区的黑土，有机磷则可占全磷的 1/3 左右。土壤中有机态磷以植素、核酸、核蛋白、磷脂等形态存在。他们在土壤中的分解，主要是在微生物的作用下进行的，以水解为主，经水解形成的磷酸又与土壤中钙、镁或三氧化合物结合，形成溶解度较低的磷酸盐或被微生物所吸收，再转化为有机态磷。

三、磷肥的种类、性质和施用

(一) 磷矿粉

1. 性质

磷矿粉是直接由磷矿石粉碎而成的磷肥,主要为氟磷灰石,是一种难溶性磷肥,肥效缓慢而持久。

2. 磷矿粉的使用

(1) 作物特性与磷矿粉的关系　因各种作物的生理习性不同,对吸收利用磷矿粉的能力有很大差异。豆科作物、荞麦、萝卜、油菜对磷矿粉具有较强的吸收能力,因此,在施用磷肥时应首先安排在这些作物上。

多年生的经济林木和果树,如橡胶、油茶、茶树、柑橘、苹果等,对磷矿粉的利用能力都较强,在这些作物上,磷矿粉做基肥施用时值得推广。

(2) 土壤条件与磷矿粉的施用关系　土壤性质是影响磷矿粉肥效发挥的又一重要因素。而影响磷矿粉施用效果的土壤性质中最主要的是土壤酸碱性。酸性介质对磷矿粉的溶解是有力的,随着酸度的增强,其溶解度也将有明显的提高。所以,在红壤、黄壤以及沿海的咸酸田等酸性土壤上,是施用磷矿粉比较适宜的地方,有着较高的利用率。对于华北、西北等地区的石灰性土壤,往往不利于磷矿粉的溶解,肥效不稳定,大多只能在土壤严重缺乏有效磷的条件下,对主要作物表现出一定的增产效果。

土壤熟化度与土壤供磷状况有关,对于新垦的红壤、黄壤等荒地,熟化差,供磷能力亦差,磷矿粉的效应一般比较明显。施于熟化度高或施有大量有机肥料的土壤上的磷矿粉,一般肥效较差,甚至无效。

(3) 磷矿粉的细度和用量　由于粒径越细,表面积就越大,磷矿粉和土壤及作物根系接触的机会也就越多,接触分解就越快，肥效增高。从经济效率考虑，磷矿粉的细度以90%通过100目筛孔，最大粒径为0.149mm为宜。

(4)磷矿粉与其他肥料配合施用　与酸性肥料或生理酸性肥料(如过磷酸钙、硫酸铵、氯化钾)混合施用，是提高磷矿粉对当季作物肥效的有效措施。这是因为借助肥料的游离酸或生理酸，来促进磷矿粉的溶解，以利于作物对磷的吸收。此外，在酸性土壤上，虽有利于磷矿粉溶解，但当pH值低至5.0~5.4时，铁、铝离子的浓度迅速增加，又能使溶解出来的磷酸离子，重新形成磷酸铁铝沉淀，影响肥效。因此，施用适量石灰，(调节pH值到5.8~6.0)，可削弱土壤中磷酸被三氧化物固定，同时能加强微生物的活动和作物的正常生长。

磷矿粉只宜做基肥，不做追肥和种肥。做基肥时，在多数情况下以撒施、深施为好。

(二)过磷酸钙和重过磷酸钙

1. 过磷酸钙的成分和性质

过磷酸钙简称普钙，是我国目前生产最多的一种化学磷肥，由磷矿粉用硫酸处理而制成。它是一种水溶性磷肥。主要成分为水溶性的磷酸一钙和难溶于水的硫酸钙，分别占肥料重量的30%~50%和40%左右。过磷酸钙主要供应磷素营养，但也能提供硫营养，还具有改良土壤的作用。此外，肥料中还有少量磷酸、硫酸、非水溶性磷酸盐以及其他铁、铝、钙盐等杂质。一般呈灰白色或浅灰色粉末，也有颗粒状的。

因有游离磷酸和硫酸的存在，故肥料呈酸性，并具有吸湿性。贮存在潮湿条件下，过磷酸钙吸湿后，会引起各种化学变化，往往使水溶性磷变为非水溶性，这种作用通常称为磷酸的退化作用。所以，过磷酸钙在贮运过程中要注意防潮。

2. 过磷酸钙的施用

过磷酸钙施入土壤后，进行着各种化学的、物理化学的和生物的转化。各地实践证明,过磷酸钙的利用率较低,一般只有10%~25%,其主要原因是,过磷酸钙施于土壤后,肥料中水溶性磷酸一钙产生一系列的变化,其结果常趋向于生成溶解度低、有效性差的磷酸盐。试验证明磷在土壤中的移动距离一般为1~3cm,而绝大部分集中在施肥点周围0.5cm范围内。因此,合理施用过磷酸钙,必须考虑既要减少其与土壤的接触面积,又要尽量增加它和作物根群的接触机会,以提高过磷酸钙的利用率。

根据上述原则,提出如下合理施用过磷酸钙的措施。

(1)集中施用 过磷酸钙可以做基肥、种肥和追肥。无论应用哪种施用方法,都以集中施用的效果为佳。其原因:集中施用后,减少了肥料和土壤接触面,从而减少固定;同时,提高了局部磷酸的浓度,使它能在较长时间内维持对作物磷素营养的供应,而且造成施肥点和作物根系的浓度差,利于加强磷酸离子向根系扩散和被根系吸收。

过磷酸钙做基肥、追肥时,一般应该深施,又以深施做基肥效果明显。凡条播或穴播的作物,可采用条施、穴施的方法,把肥料施于播种沟或穴内。对于水稻,可用塞秧根的办法集中深施。另外,蘸秧根也是经济有效的施用磷肥的方法,每亩用过磷酸钙2.5~5kg与2~3倍腐熟的有机肥,加泥浆拌成糊状,栽前蘸根,随蘸随插。过磷酸钙集中做基肥、追肥的施用量一般为每亩10~20kg。

种肥是将肥料集中施于播种行、穴中,或直接与种子拌和后施用,能改善作物幼苗期的磷营养。当用过磷酸钙拌种时,用量不宜过多,一般每亩2.5~4kg。先将肥料与1~2倍的腐熟有机肥或干细土,或用磷肥用量的1%~2%的草木灰混合,以消除磷肥中游离酸的不良影响。然后与种子拌和,随拌随播。

(2)与有机肥料混合施用 过磷酸钙与有机肥料混合后施用,是提高过磷酸钙肥效的有效方法。因为混合后施用,首先大大的减少与土壤的接触面,而减少其对水溶性磷的接触固定;同时,有机肥料在微生物分解过程中,产生许多有机酸,如草酸、柠檬酸、苹果酸、酒石酸和乳酸等,能与土壤中的钙、铁、铝等起螯合作用,形成稳定的络合物,从而减少甚至避免这些离子对磷酸一钙产生的化学沉淀,使过磷酸钙保持较高的有效性。

(3)制成无机颗粒磷肥 颗粒磷肥表面积小,可减少肥料与土壤的接触面,从而减少被土壤固定的机会。

(4)采用根外追肥 将过磷酸钙配制成溶液,喷施在作物茎叶上,也是一种经济施用水溶性磷肥的有效方法。它可以防止磷在土壤中接触固定,又能被作物直接吸收利用,从而能增加水稻、小麦等的千粒重,棉花的百铃重和果树的坐果率。

过磷酸钙做根外追肥,一般在作物根部生长受阻,吸收能力差,或生长后期从土壤中吸收磷的能力弱时采用。喷施前,先将过磷酸钙浸泡于10倍水中,充分搅拌,放置过夜,取其清液,稀释后喷施。施用浓度前期稀些,中后期浓些;双子叶作物稀些,单子叶作物浓些。例如:小麦、水稻可用1%~3%浸出液,棉花、番茄等苗期可用0.5%~1%浸出液喷施。

3. 重过磷酸钙的性质和施用

重过磷酸钙是一种高浓度的磷肥,是由硫酸处理磷矿粉制得磷酸,在以磷酸和磷矿粉作用后制得的。成品为深灰色颗粒状或粉末状,主要成分为水溶性的磷酸一钙,含(P_2O_5)40%~52%,不含石膏,但含4%~8%的游离磷酸,吸湿性和腐蚀性较过磷酸钙强。所以,粉状的重过磷酸钙较易结块,由于不含铁、铝、锰等杂质,吸湿后不致有磷酸退化现象发生。

重过磷酸钙的有效施用方法,与过磷酸钙相同,不过,重过磷酸钙中有效成分含量高,肥效用量应相对减少。同时,因为不含石膏，对硫营养有良好反应的作物，如马铃薯、豆科作物及十字花科作物等，其效果反不及等量磷酸的过磷酸钙。

(三) 钙镁磷肥

1. 成分和性质

钙镁磷肥是将磷矿石和适量的含镁硅矿物等在高温下共熔，使氟磷酸钙的晶体破坏，再将熔融体水淬而成为玻璃状碎粒，随后磨成细粉状即成，成品颜色为灰绿色或灰棕色，含磷量（P_2O_5）14%~19%，质量好的钙镁磷肥中的磷有95%以上可溶于2%柠檬酸，但不溶于水，属弱酸溶性磷肥。

2. 钙镁磷肥的施用

钙镁磷肥施用后，有一个溶解过程，才能为作物吸收。钙镁磷肥中磷虽不溶水，但能溶于弱酸，可为作物根系和微生物分泌的酸（如碳酸）和土壤中的酸所溶解，供给作物吸收利用。另外，还能供应钙、镁等养分。它的肥效虽不如过磷酸钙快速，但后效较长。

实践表明，钙镁磷肥在不同土壤中，对不同作物普遍有效。在酸性土壤中，当季肥效大多与过磷酸钙相当，有时还略高于过磷酸钙；在石灰性土壤中其效果往往稍低于过磷酸钙。因此，钙镁磷肥以施用在红壤、黄壤等酸性土壤为最相宜，一些有效磷含量低的非酸性土壤也有良好效果。因它有中和土壤酸度和降低土壤中铁、铝危害的性能，同时，除供应磷素外，还能补充土壤中钙、镁、硅等元素，既能改良土壤物理化学性状，又利于改善作物的营养条件。

钙镁磷肥效果与作物种类关系较大。它对水稻、玉米、小麦等作物的效果一般为过磷酸钙的70%~80%，对油菜和绿肥，其肥效略有超过。可见，不同的作物具有对钙镁磷肥不同的利用能力。因此，在轮作中，钙镁磷肥应优先在油菜、萝卜、豆科绿肥、豆类、瓜类等吸收能力强的作物上施用。

钙镁磷肥可做基肥、种肥和追肥。但以基肥深施效果最好。基、追肥宜集中施用,追肥要早施。基肥每亩用肥 15～25kg,若做种肥或做蘸根、塞秧根用时,每亩 5～10kg 即可。

钙镁磷肥还可与有机肥料堆沤后施用,借助微生物的作用,可以促进钙镁磷肥的溶解,提高肥效。

(四)骨粉

骨粉由动物骨骼加工制成,骨粉中主要含有磷酸三钙,不溶于水,肥效较慢,宜做基肥施用。为了提高其肥效,骨粉可与有机肥料堆积发酵后施用。若能施于生长期长的作物和酸性的土壤上,更易发挥它的肥效。骨粉在夏季施用,由于土壤微生物生物活动旺盛,可加速其磷素的转化,所以,肥效常比冬季快。

四、磷肥的有效施用

(一)土壤肥力与磷肥施用

磷肥的增产幅度与土壤肥力状况有密切关系。其中,土壤的供磷状况是决定磷肥效果的重要因素。土壤中全磷量在 0.08%～0.1% 时,大多数情况下磷肥都能表现出增产效果。而在这个界限以上,磷肥往往随土壤磷素状况、作物种类、气候条件等因素的不同,表现出不同的效果。因此,土壤有效磷含量的测定结果更能反映土壤磷素供应水平。在有效磷含量低的土壤上(中性和石灰性土壤上 $P<5mg/kg$;酸性土壤上 $P<3mg/kg$;水稻土上 $P<20mg/kg$)施用磷肥能够起到很好的增产效果。

除全磷量外,土壤中有效磷的含量还与土壤有机质含量有明显的相关性,有基质含量每增加 0.5%,有效磷量大体上可增加 $5mg/kg$。

此外,土壤反应、土壤熟化程度和施肥等因素也能影响土壤磷的有效性。一般说来,有机质含量高,熟化程度也高,反应接近中性,施用多量有机肥料的土壤,有效磷亦高,施磷肥效果则较差；反之，磷肥效果较显著。

(二)不同作物的需磷特性和轮作中磷肥的施用

不同作物对磷肥的反应是不一样的。一般来说，豆科作物、糖用作物、油料作物、块根块茎类作物以及瓜类、果树、桑树和茶树等都需要较多的磷，施用磷肥有较好的肥效，既能提高产量，又能改善品质。禾谷类作物对磷的反应不及上述作物敏感，但其中小麦、玉米和大麦对磷的反应又较谷子等谷物好，对水稻的效果一般较差。从各地的试验和生产实践表明，磷肥对大田作物的反应大致顺序：冬季绿肥（包括豆科以及萝卜、油菜等）>一般旱地豆科作物>大麦、小麦>早稻>晚稻。

因此，在一定的轮作中，或在同一种土壤中，磷肥应首先考虑施在豆科作物上，或对磷需要多，磷肥效果好的作物上。对磷反应不敏感的作物，在生产水平较低的情况下，可以少施或不施磷肥，而利用磷肥的后效，以全面提高营养水平，达到整个轮作中各种作物增产的目的。

另外，当轮作作物具有对磷相似的营养特性时，磷肥用于秋播的越冬作物上，往往比春播作物的效果好。磷肥的重点分配对象应是越冬作物。因为，秋播后，温度逐步下降，土壤微生物的活动减弱，土壤供磷能力差，此时增加磷素营养，能培育壮苗，增强抗寒能力，促进早发、提高磷肥增产效果。例如：在小麦、杂粮（玉米、谷子等）轮作地区，磷肥应重点施于小麦上，后季玉米或谷子可利用其后效。

(三)不同磷肥品种的使用

磷肥的品种繁多，但可概括为3类；第一类为水溶性磷肥，有过磷酸钙、重过磷酸钙和部分偏磷酸盐；第二类为弱酸溶性磷肥，有钙镁磷肥、钢渣磷肥和部分聚磷酸盐；第三类为难溶性磷肥，有磷矿粉和骨粉。这些磷肥的有效施用原则是减少水溶性磷肥的固定和增加非水溶性磷肥的溶解。这里，主要按作物和土壤说明各种磷肥品种的合理分配和使用。

如前所述，作物种类不同对难溶性磷肥的吸收能力也不同，在轮作中要注意磷肥的计算分配。凡在轮作中对磷吸收能力强的作物如油菜、萝卜、荞麦及豆科植物，可分配难溶性磷肥；但有的作物吸收磷的能力较差，而又对磷的反应敏感的如马铃薯、甘薯等，则以施用水溶性磷肥为好。

从作物的不同生育期来看：在多数情况下，作物幼苗期吸收磷的数量虽少，但对磷比较敏感，此时是大多数作物的磷素营养临界期，加上幼苗根系对磷的吸收能力弱。当种子中贮藏的磷已用尽时，就需要有磷的供应，以免影响根系发育和幼苗生长。弱苗期缺磷，即使以后补施磷肥，也难以完全消除早期缺磷所造成的影响。特别对于种粒较小的作物如油菜、番茄、苜蓿等。因种子小，贮磷量少，苗期对磷的敏感性强，因此，在多数作物苗期，分配少量水溶性磷肥做种肥是很重要的。作物生长盛期对磷的需要量虽增多，但这时作物根系发达，吸磷能力增强，一般可利用作为基肥施用的难溶性或弱酸溶性的磷肥，在生育后期，作物主要通过体内磷的再分配和再利用来满足后期各器官的需要。因此，多数作物只要生长前期有较丰富的磷素营养，生长后期作物对施用磷肥的反应就较差。但也有一些作物如棉花在结铃开花期，大豆在开花结荚期、甘薯在块根膨大期均需要较多的磷。这时，水溶性磷肥做追肥，对产量的提高和品质的改善都有良好的作用，一般可采用根外追肥或深追水溶性磷肥来满足其对磷的需求。

各种磷肥品种在分配使用时，除考虑作物特点外，还应根据土壤性质来合理分配和使用。一般来讲，难溶性磷肥或弱酸溶性磷肥，主要分配于酸性土或强酸性土上。因为土壤中活性酸和潜在酸的存在，有利于非水溶性磷酸盐的溶解，这样既可提高肥效，又可缓和土壤酸性。有时弱酸溶性磷肥和可给性良好的磷矿粉在酸性土壤中的肥效，甚至超过水溶性磷肥。水溶性磷肥的适应性较广，各种土壤都适用，但以在近中性和碱性土壤上更为相宜，在酸性土壤上，最好与碱性磷肥等配合施用，但要分别施，不宜混合施，以防水溶性磷的退化降低磷的有效性。

(四)氮、磷肥配合施用

磷肥与氮肥配合施用是提高施肥效果的重要措施之一，特别在中、下等肥力的土壤上进行氮、磷肥合用，其增产幅度更大。试验结果表明，在肥力较高的土壤上，单施氮肥可获得良好的增产效果，但单施磷肥或氮、磷肥合用与单施氮肥相比，效果均不显著。

由于不同的作物对氮、磷营养要求不同，对氮、磷肥配合的要求也有差别。一般来说，谷类作物像水稻、玉米、高粱、小麦等需氮较多的作物，施用磷肥时，须与氮肥配合使用，氮、磷配合比为1.0：(0.5~1.0)，氮的用量常略大于磷；豆科作物在氮、磷配合中应以磷为主，使其充分发挥生物固氮作用，只有在瘠薄的土壤上或苗期生长不良时，才酌量配施氮肥。

磷肥除需要与氮肥配合施用外，还要注意与钾肥和有机肥的配合施用；在酸性土壤和缺乏微量元素的土壤中，还须增加石灰肥料和微量元素肥料，才能更好地发挥磷肥对提高作物产量和改进品质的效果。

第三节 钾 肥

钾是植物三要素之一。我国长期以来施用有机肥料，每年土壤中钾素部分得到补充，加之土壤钾素含量较氮、磷丰富，故以往很长一段历史时期，钾肥矛盾并不突出。近年来随着农业生产不断发展，单位面积产量和复种指数日益提高，以及氮、磷化肥用量的增加，作物渐感钾素不足，不少地区出现了缺钾症状，增施钾肥已提到生产日程上来。因此，充分了解钾肥肥效与土壤、作物、气候以及与农业技术措施之间的相互关系，使之经济而有效地发挥增产作用，有其极为重要的意义。

一、钾的营养作用

（一）作物体内钾的形态及其分布

钾是作物生长发育不可缺少的营养元素，而且需要量（按K_2O计）比氮、磷（按P_2O_5计）多。它与氮、磷不同，在作物体内主要以离子状态或可溶性盐类或吸附在原生质的表面上，而不是以有机化合物的形态存在，所以，植物体内钾离子的浓度往往比硝态氮或磷酸离子高几十倍甚至百余倍，且高于外界环境中有效钾几倍至几十倍。

钾和氮、磷一样，在作物体内有较大的移动性，并比较集中的分布在幼嫩组织中。所以，凡是代谢较旺盛的部分，钾的含量往往较多，从这里可以看出，它和作物体内主要代谢作用有关。

（二）钾的营养功效

1. 钾是许多酶的活化剂

生物体内有60多种酶需要钾离子做活化剂，对多种合成酶等的活化作用更为强烈。所以，钾能促进多种代谢反应，有利于植物的生长发育。

2. 促进光合作用

试验表明，在钾供应充足条件下，作物光合磷酸化效率提高，单位重量叶绿体所产生的腺磷酸也增多。由于钾促进光合磷酸化作用，这就为二氧化碳还原提供了较多的能量，因此钾供应充足时，作物能够更有效地利用太阳能进行同化作用。

3. 促进糖代谢

当钾不足时，植株内糖、淀粉水解成单糖，从而影响产量。相反，钾充足时，活化了淀粉合成等酶，单糖向合成蔗糖、淀粉方向进行。因此，当缺钾的植株加入钾时，体内蔗糖、淀粉便有积累。由此可见，钾对淀粉类、糖类作物产量和质量具有良好的影响。

由于钾能使体内的糖类向聚合方向进行，对纤维素的合成有利。所以，钾对棉、麻等纤维类作物也有其特殊意义。

作物的光合产物必须从叶部向植株各器官输送，特别是输向贮藏器官如果实、籽粒等。这不仅能消除光合产物在叶部积累，抑制光合作用继续进行，还能使作物各组织生长发育良好。钾能加速光合产物的转运，在钾供应充足时，光合产物输送进行的更快。

4. 促进蛋白质的合成

钾能大大的提高作物对氮的吸收利用并很快的转化成蛋白质。所以，当钾的数量足够时，进入体内的氮比较多，形成的蛋白质也比较多。如果作物缺钾，植株内不但蛋白质合成受到影响，而且原有的蛋白质产生水解，使非蛋白氮含量相对增多，同时还影响作物对氨的利用，造成氨的累积，易引起作物发生氨中毒。

谷类作物在钾供应良好时，不仅能增加产量还能增加籽粒中蛋白质的含量，改善谷类作物的品质。此外，钾还能促进豆科作物根瘤菌的固氮作用。

5. 钾能促进作物经济用水

由于钾以离子态高浓度累积在作物细胞中，细胞渗透压增大，水分便从低浓度的土壤溶液中向高浓度的根细胞中移动，直至渗透压和膨压达到平衡为止。膨压又是细胞扩张的动力，它从细胞内为细胞壁的延伸或细胞分裂提供必要的压力。所以，钾供应充足的情况下，作物能更有效的利用土壤水分，并有较大的能力使水分保持在体内，减少水分的蒸腾作用。由于钾能减少水分的蒸腾损失，故可提高作物的抗旱能力，这对我国的小麦生产尤为重要。

钾还能通过影响气孔的开闭，调节水分蒸腾和二氧化碳气体透入叶片的过程，从而提高光合作用的效率。

6. 增强作物的抗逆性和抗病能力

钾能增强作物细胞生物膜的持水能力，维持稳定渗透性，从而提高作物对干旱、霜冻、盐害等外界不良环境的抗逆性。

钾还可增强作物的抗病能力。当钾供应充足时，可大大减少水稻胡麻叶斑病、稻瘟病、叶枯病、茎腐病，小麦赤霉病、锈病、颖斑病、白粉病，大麦褐锈病，玉米茎腐病、穗腐病等。

（三）作物缺钾症状

作物缺钾时，通常老叶叶尖和边缘发黄，进而变褐，渐次枯萎。在叶片上往往出现褐色斑点，甚至斑块。但叶中部靠近叶脉附近仍保持原来的色泽。严重缺钾时，幼叶上也会发生同样的症状。但在不同作物上，缺钾的表现也有它的特殊性。

禾谷类作物缺钾时，先由下部叶片上出现褐色斑点，严重时新叶也出现同样的斑状，然后枯黄并渐次向上发展。水稻缺钾时，易发生胡麻叶斑病的病症。发病植株一般新叶抽出难，抽穗不齐。

棉花植株缺钾时，往往苗期和蕾期主茎中部叶片首先呈现叶肉缺绿，进而转为淡黄色，叶表皮组织失水皱缩，叶面拱起，叶缘下卷。到花铃期可以看到主茎中上部叶的叶肉呈黄色或黄白花纹，继而呈现红色（但叶脉仍是绿色）。通常称之为黄叶茎枯病或红叶茎枯病，发展到严重时，叶子逐渐枯焦脱落，棉株早衰。

玉米缺钾时，所形成的果穗尖端长呈空粒，如能形成籽实亦不够充实，淀粉含量低，容易受到穗腐病的侵袭。

二、土壤中钾的形态和转化

土壤中钾的形态以其对作物有效性来衡量，可划分为矿物态钾、缓效钾以及速效性钾（主要包括交换性钾和水溶性钾）。

(一)矿物态钾

它主要存在于微斜长石、正长石和白云母中，以原生矿物形态分布在土壤粗粒部分。这部分钾在土壤中占土壤全钾量的绝大多数，占90%~98%。由于长石、白云母等晶格结构比较坚固，较难风化，为作物难以利用的钾。因此，它们对作物供应钾的能力是极其有限的。然而，他们经长期的风化作用，对土壤有效钾的补充和累积，是有十分重要意义的。

(二)缓效性钾

主要包括晶层固定态钾和如水云母一类的次生矿物以及部分黑云母中的钾。在土壤中这部分钾一般约占全钾量的2%，最高可达6%。土壤中缓效性钾是土壤中速效钾的补给来源。当土壤中速效性钾被作物吸取或被淋失时，缓效性钾就能不断的释放出来，直至速效性钾恢复到原来水平为止。相反，当土壤中施入可溶性钾肥时，水溶性钾也能转为缓效性钾，直至恢复到原有平衡状态为止。因此，土壤缓效性钾与土壤速效性钾处于动态平衡之中。

(三)土壤速效性钾

它包括交换性钾和水溶性钾两部分。它们的量只占土壤全钾的1%~2%。其中交换性钾约占土壤速效性钾的90%，水溶性钾约占10%。

土壤中水溶性钾是作物根系吸收钾的直接来源，而交换性钾则是水溶性钾的供应者。当作物根系吸收而消耗土壤中水溶性钾后，土壤胶体上吸附的交换性钾能立即释放，补充土壤中水溶性钾的消耗；相反，当水溶性钾肥施入时，K^+又立即为土壤胶体所吸附而成为交换性钾。土壤中微生物也需要钾营养，当钾离子为微生物吸收后，作物就难以利用，一直要等到微生物死亡分解后才能释放出来。

为了维持土壤中钾素对作物的有效供应，必须使土壤中有效性钾保持一定的平衡状态。土壤中速效性钾的补充主要有3个来源，即作物残茬、厩肥、秸秆等有机肥料，化学钾肥以及土壤缓效性钾的转化。土壤中有效性钾的消耗和损失主要有4个方面：作物的吸收、淋洗损失、径流损失、黏土矿物的固定。

三、钾肥的种类、性质和施用

（一）氯化钾

1. 性质

氯化钾是溶于水的速效钾肥，含 K_2O 60%左右，呈白色或淡黄色或紫红色结晶，物理性状良好，属生理酸性肥料。

2. 在土壤中的转化

氯化钾施入土壤后，在土壤溶液中，钾呈离子状态，能同土壤胶体上的阳离子起交换作用。在中性土壤中，土壤胶体常为钙镁所饱和，施用氯化钾后，钾离子会与钙离子发生交换反应，由于氯化钙溶解度大，在多雨地区或多雨季节里，钙很容易从土壤中淋失。因此，氯化钾长期施用，如不配施钙质肥料，土壤中钙会逐步减少，而使土壤板结。另外，长期使用氯化钾，因受作物选择吸收所造成的生理酸性的影响，能使缓冲性小的中性土壤逐步变酸。因此，在这类土壤上施用氯化钾，需配施石灰质肥料，防止土壤酸化。

在石灰性土壤中，由于大量碳酸钙的存在，因施用氯化钾所造成的酸可被中和，并释放出有效钙离子，所以不致引起土壤酸化。

氯化钾施入酸性土壤后，土壤溶液中氢离子浓度会立即升高，且由于肥料生理酸性的影响，均可使土壤pH值迅速下降。因此，在大量使用氯化钾的情况下，会使作物受酸及铝的毒害。所以，在酸性土壤上施用氯化钾，应配合施用石灰和有机肥料。

3. 施用

氯化钾可做基肥、追肥施用，但不宜做种肥。做基肥时在中性和酸性土壤上宜与有机肥、磷矿粉等配合或混合使用，这不仅能防止土壤酸化，而且能促进磷矿粉中磷的有效化，由于氯化钾中含有氯离子，对忌氯作物，如甘薯、马铃薯、甘蔗、甜菜、柑橘、烟草、茶树等的产量和品质均有不良影响，故不宜多用。氯化钾特别适用于麻类、棉花等纤维作物，因为氯对提高纤维含量和质量有良好的作用。

(二) 硫酸钾

1. 性质

硫酸钾是白色结晶，溶于水，含 K_2O 50%~52%。物理性状较氯化钾好。宜属生理酸性肥料。

2. 在土壤中的转化

硫酸钾在土壤中的转化与氯化钾相似。在中性土壤中，硫酸钾与钙离子反应的产物是 $CaSO_4$，它的溶解度比 $CaCl_2$ 小，对土壤脱钙程度也相对较小，因而施用硫酸钾使土壤的酸化速度就比氯化钾缓慢。

3. 施用

硫酸钾除可做基肥、追肥以外，不适于做种肥。做种肥时用量一般为每亩 1.5~2.5kg，做根外追肥时浓度以 2%~3% 为宜。硫酸钾适用于各种作物，对十字花科等需硫作物特别有利。对于水稻，在还原性较强的土壤上，它不及氯化钾，因为易产生硫化氢的毒害。硫酸钾价格比氯化钾贵，在一般的情况下，能应用氯化钾的就不要选用硫酸钾。

(三) 草木灰

1. 成分和性质

草木灰是植物燃烧后的残灰。有机物和氮在燃烧过程中大多被烧失。因此，草木灰中仅含有灰分元素，如磷、钾、镁、铁及微量元素等，其中钙、钾较多，磷次之。

2. 施用

草木灰可做基肥、追肥，也可做盖种肥。做追肥时，可在叶面撒施，既能供给养分，也能在一定程度上防止或减轻病虫害的发生和为害。做盖种肥，大多用于水稻、蔬菜育秧，既供应养分，又能吸热增加土壤表面温度，促苗早发，防止水稻烂秧。另外，草木灰能清除秧田中的青苔危害；用1%草木灰水浸出液做根外追肥，对防治蚜虫有良好作用。

草木灰是碱性肥料，因此，不能与铵态氮肥、腐熟的有机肥料混合施用，以免造成氨的挥发损失。

四、钾肥的合理施用

钾肥的使用效果与土壤性质、作物种类、肥料配合、气候条件等有关。因此，要经济、合理地分配和施用钾肥，有效地发挥钾肥的增产作用，就有必要了解影响钾肥肥效的有关条件。

(一)土壤供钾能力与钾肥肥效

土壤钾的供应水平是指土壤中速效性钾的含量和缓效性钾的贮藏量及其释放速度。只有土壤钾的供应水平低于某一界限时，钾肥才能发挥其肥效。因此，土壤是否需要施用钾肥，首先决定于土壤钾的供应水平。当土壤中速效钾低于83.3mg/kg时，施用钾肥就有明显的效果。

土壤质地是影响土壤供钾能力的另一因素。同等量速效钾含量在黏质土壤上的肥效比沙质土壤上差，但持久力强。另外，土壤供钾能力还受土壤缓效性钾贮量的控制。

(二)作物种类、特性与对钾的要求

1. 作物种类对钾的要求

从钾的生理作用可以看出，钾与碳水化合物代谢关系密切。所以，薯类作物、纤维作物、糖料作物、油料作物需钾较多；禾谷类作物一般需钾量较少，但玉米比其他禾谷类作物需钾量多。豆科绿肥作物需钾量也较大。

2. 作物不同生育期对钾的需要

作物不同生育期对钾的需要差异是很显著的。一般禾谷类作物在分蘖—拔节期需钾量较大，其吸取量为总需钾量的60%~70%，开花以后显著下降。主要原因为后期根的呼吸作用减弱。棉花需钾最大是在现蕾成铃阶段，其吸取量也约占总量的60%。蔬菜作物如茄果类在花蕾期，萝卜类在肉质根膨大期都是需钾量最大的时期。梨树在梨果发育期，葡萄在浆果着色初期也是需钾量最大时期。但一般作物苗期是钾的临界期，对缺钾最为敏感。因此，钾肥一般用于基肥，特别是生育期短的作物。如基肥、追肥分别施用，追肥在最大需钾期前及早施入，才有良好效果。

3. 作物根系特性与钾肥施用

钾在土壤中移动性较小，钾离子在土壤中的扩散也相当慢。因此，根系吸收钾的多少，首先取决于根量及其与土壤的接触面积，可见，须根系作物较直根系作物容易吸收土壤中钾。所以，单子叶的禾谷类作物对土壤钾的吸收能力，一般比双子叶作物强。

（三）肥料配合与钾肥肥效

氮磷钾三要素在作物体内对物质代谢的影响是相互促进、相互制约的，因此，作物对氮、磷、钾的需要有一定的比例。这就是说，钾肥的肥效，只有在氮磷配合下，才能充分发挥出来。

（四）气候条件与钾肥肥效

气候条件对钾肥肥效的影响主要是通过土壤干湿、冻融、通气等条件的改变而表现出来的。

在通常情况下，通过土壤晒垡和冻融，可以促进土壤中含钾矿物的风化，特别能使固定在黏土矿物晶层中的钾释放出来，增加土壤速效性钾的含量，提高对作物的供钾能力。在作物生长期间，如果土壤水分不足，会使土壤中钾离子活度下降，减弱钾离子的扩散，影响作物对钾的吸收。所以，在我国每逢雨水不足的年份，常发现棉花的红叶茎枯病发病严重，施用钾肥的肥效就较显著。当土壤水分过多时，这时土壤通气性受到影响，作物吸收钾的能力受到抑制。因此，在雨量过多的季节里，作物易出现缺钾现象，施用钾肥效果较好。据报道，玉米对钾的反应与6~8月的总雨量有一定的关系，当雨量为350~500mm时，玉米对钾肥只有轻微的反应，而当雨量超过500mm时，钾肥肥效就明显提高。

(五)钾肥种类、施用方法与钾肥肥效

氯化钾用于纤维作物效果较好，但用于薯类作物、糖用作物、浆果类果树、茶树效果则较差，且影响其品质。硫酸钾对油菜、蔬菜、果树具有良好的作用。

钾肥的施用方法，也因作物种类而不同。宽行作物(如玉米、棉化)不论做基肥、追肥，可采用条施、沟施、穴施都比撒施效果好；而密植作物(如小麦、水稻)就可以采用撒施。浅根系作物在土壤水分充足的条件下，面施追肥也有较好效果，但深根系作物则较差，以穴施、沟施为好。

第三章 中微量元素肥料

第一节 钙 肥

一、钙的营养作用

一般作物对钙的需要比镁多而少于钾。豆科作物、甜菜、莴苣、甘蓝等需钙较多,而谷类作物、马铃薯等需钙较少。作物各器官含钙量不一,茎叶中较多,老叶比嫩叶多,而籽实较少。

钙是细胞壁的结构成分,它与中胶层果胶质形成钙盐,而且被固定下来,不易转移和再利用;所以,新细胞的形成需要供应充足的钙。

钙对蛋白质的合成有一定作用,如钙能提高原生质线粒体的蛋白质含量。

钙是某些酶促反应的辅助因素,如淀粉酶、磷脂酶、精氨酸激酶等,都以钙为活化剂,因而影响了作物体内的代谢过程。另外,钙对调节介质的生理平衡,具有特殊的功效。

作物体内的钙的移动能力很小,在生长初期供钙,大部分留在下部老叶中,很少向幼嫩组织移动。因此,供钙不足,幼嫩部位首先受害。作物缺钙时,植株矮小,根系发育不良,茎和根尖的分生组织受到损坏,严重时就要腐烂死亡,幼叶卷曲,叶缘发黄坏死。

二、含钙肥的种类与性质

(一) 生石灰

又称烧石灰,主要成分为氧化钙,通常用石灰石烧制而成,含 CaO 90%~96%。用白云石烧制的,称镁石灰,除含 CaO 10%~40%,兼有镁肥的效果。贝壳类含有大量的碳酸钙,是制造石灰的好原料。沿海地区称为壳灰,就是用贝壳类烧制而成的,成分与生石灰相同。

(二) 熟石灰

又称消石灰,由生石灰吸湿或加水处理而成,主要成分是氢氧化钙。

(三) 碳酸石灰

由石灰石、白云石或贝壳类磨细而成,主要成分是碳酸钙。这种肥料溶解度小,中和土壤酸度的能力较缓和而持久。

(四) 工业废渣

含石灰质的工业废渣主要有钢铁工业炉渣,如炼铁高炉炉渣,含有 CaO 38%~40%,MgO 3%~11% 和 SiO_2 32%~42%,主要成分是硅酸钙。施入酸性土壤中,经水解形成氢氧化钙和硅酸,能缓慢中和土壤酸度,其中和值为 75%~90%。

三、石灰的改土作用

(一) 中和酸性、消除毒害

在有机质较多的土壤中,由于有机质分解过程中产生各种有机酸,不仅增加土壤酸度,而且其中有些有机酸,如安息香酸、二氢氧硬脂酸等,对作物均有毒害。各种脂肪酸如乙酸、丁酸等,对作物生长也有不利影响。施用石灰则可中和这些有机酸,并能加强微生物的活动,促进有机酸的分解,消除其毒害。

(二)增加有效养分

土壤中绝大部分有益微生物都适于近中性反应。因此，酸性土壤施用石灰，降低土壤酸度，能加强土壤有益微生物的活动，从而促进了有机质的矿质化和生物固氮作用，增加有效养分供给。

水田施用石灰，使土壤溶液维持短时间的强碱性反应，能使部分腐殖质形成溶胶状态，有利于微生物分解而释放铵态氮等养分。稻田施用石灰后，还可促进固氮蓝藻的繁殖和固氮活动，对水稻氮素的补充起了良好作用。

施用石灰会影响土壤有效磷含量。土壤磷包括有机磷和无机磷两部分。酸性土壤施用石灰，加强了土壤微生物的活动，将会促进有机磷的矿化，从而提高有效磷的含量。同时，由于土壤反应的调节，使固磷作用减弱，也促进了无机磷的释放。

土壤中钼的有效性随pH值增加而增加，当pH值从4.7增到7.5时，水溶性钼可增加5倍。这是因为随pH值提高，被土壤固定的钼酸根离子可被氢氧根置换而释放出来。

(三)改善土壤物理性质

酸性土壤中腐殖质含量少，又缺乏钙素，物理性状不良。施用石灰后，加强了土壤微生物的活动，促进了土壤有机质的腐殖化过程，增加了土壤腐殖质的含量，有利于土壤团粒结构的形成。随着土壤结构的改善，使黏土降低黏着性，提高透水性和通气性，而沙质土壤则可增加黏结性，从而增强土壤的保水、保肥能力。

(四)减少病害

作物病害与土壤反应有密切关系。十字花科根肿病在酸性土壤中最容易蔓延，而在中性至微碱性土壤中，这种病菌几乎不能生长。番茄枯萎病经常发生于酸性土壤中，施用石灰使土壤pH值由4.8增至8.0时，发病率显著下降。一般土壤真菌大部分是致病寄生性菌，大多适用于酸性环境中生长。因此，在酸性土壤中施用石灰，可以创造作物生长的良好条件，同时也能防止这些病害。

总之，合理使用石灰有多方面功效，通过改良土壤，增加有效养分，以及防除病害等作用，对提高作物产量有良好效果。但是如果石灰用量过多，也会带来不良后果，这时土壤有机质就会迅速分解，很难有腐殖质累积，土壤结构就要受到破坏，且土壤中磷酸盐将进一步转化为更难溶解的盐基性磷酸钙，土壤中铁、锰、硼、锌、铜等微量元素也要形成难溶性沉淀物，有效性降低。如大量施用石灰而未施其他肥料，土壤中交换性阳离子不断被钙离子所置换，作物不能全部吸收，就要引起流失，致使土壤肥力下降，抽空地力，使土壤衰竭，从而导致后座产量下降。所以，石灰用量必须适当，而且要与有机肥料配合施用，以发挥各种肥料的综合效果。

四、石灰的用量和施用

（一）石灰需要量的决定

目前我国常用的石灰质肥料是熟石灰。由于熟石灰质地较细，中和土壤酸度能力较强，效果较快，在强酸性黏土中，如果每年种植两季作物，第一年每亩施150kg石灰，第二年施100kg，第三年施50kg，第四年、第五年停施，第六年重新施用。这样，在施用石灰的年份中可使土壤反应保持在pH值5.7~6.5，在停施石灰的年份也能维持在pH值5.5左右。

（二）影响石灰用量的因素

石灰需要量与作物种类、土壤性质、气候条件和施肥方法都有关系。因此，决定石灰施用量时，必须考虑这些因素的影响。

各种作物生长与土壤反应有密切关系，pH值过高过低都会影响作物的产量和品质。茶树是典型的耐酸植物，在酸性土壤中生长良好。因此，在酸性土壤栽植茶树，不需要施用石灰。甘薯、燕麦等作物，适于酸性土壤生产，可以少施或不施石灰，更无需调节到中性反应。而大麦、小麦、甜菜和多数豆科绿肥作物，适于中性或近中性土壤。如栽培在酸性土壤中，则需施用适量石灰，才能获得增产。另外，土壤质地和耕层深浅都会影响石灰用量。土壤质地黏重，耕层较深，就得多施石灰；相反，耕层浅薄的沙质土壤，则可减少用量。一般地说，旱地石灰用量要比水田多，因为旱地水分较少，石灰不易溶解，土壤反应变化慢，所以用量较高。

(三) 石灰的施用和效果

石灰多用作基肥，但对水稻也可做追肥。水田用石灰做基肥，多在插秧前整地时施入。种绿肥的水稻田，可在翻地压青时，每亩施用石灰 25~50kg，能促进绿肥分解，加速养分释放。同时还可以消除绿肥分解时产生的一些有毒物质。如果土壤酸性较强，则需用石灰 50~100kg，甚至 150kg，才能见效。稻草还田时，也应配施石灰，方法同上。据各地试验，在红壤每亩施用石灰 50~100kg，早稻、晚稻、大豆等作物一般可增产 10%~30%；在晚稻田施用，还可使后作紫云英增产 20%~30%。石灰的效果因土壤酸度和肥力水平而异，其中以强酸性而肥力中等的水稻土（pH 值 4.5~5.5，有机质含量为 2.0% 以下）效果较差。这可能由于石灰促进有机质的分解，为水稻提供较多养分有关。水稻田用石灰作追肥，应选择适当的施肥时期，以使养分的释放与水稻的需要相适应。一般在分蘖期和幼穗分化期结合中耕除草时施用。幼穗分化期施用石灰，能促进水稻后期发育，使谷粒充实，兼有防除病虫害的效果。试验证明，每亩追施熟石灰 50~100kg，使土壤 pH 值上升至 8.5 以上，保持短时间的强碱反应，才能促进有机养分的释放；如用石灰石粉做追肥几乎无效。

石灰施于旱地，通常用作基肥。为了中和土壤酸性，可按石灰需要量结合犁地时施下。目前我国多采用少量石灰集中施用法，于作物播种或定制时，将少量石灰拌适量土杂肥，施于播种穴或播种沟内，使作物幼苗期有良好的土壤环境。这种经济施肥方法，后效不长，每季作物都要重新施用。在酸性土壤施用石灰，对大多数作物都有增产效应，但耐酸作物效果不明显。据试验，在pH值4.5左右的红壤上，每亩施石灰75kg，大麦、金花菜和小麦的增产效果最大；甘薯、芝麻等比较耐酸作物效果较差，甚至造成减产。在pH值6左右的砖红壤上，亩施石灰75kg，使甘蔗增产12%，每千克石灰增产蔗茎11.3kg。在轮作制中，石灰应施于效果较好的作物上。

第二节 镁 肥

一、镁的营养作用

作物体内含镁量为干物质的0.04%~0.5%，一般豆科作物为禾本科作物的2~3倍。从植株的部位看，种子含镁较多，茎叶次之，而根系较少。作物生长初期，镁大多存在叶片中，到了结实期，则转入种子中，并以植酸盐的形态贮存。

镁是叶绿素的构成元素，叶绿素可以吸收光能，促进碳同化。缺镁时，叶绿素含量减少，致使叶片退绿光合作用受到影响；镁是很多酶的活化剂，能加速酶促反应，促进作物体内的新陈代谢，镁能促进脂肪的合成；镁还能促进作物体内含磷化合物的代谢，施用适量镁肥，将会促进磷的吸收和同化，使作物生长发育良好。由于镁和磷具有协同作用，所以，在缺镁的土壤施用少量镁肥，可提高磷肥的效果。

镁是比较活跃的元素，很容易从老器官转移到新生幼嫩部分。作物缺镁时，首先在下部老叶发生斑纹状缺绿病，叶片网状组织呈黄色或白色，仅叶脉遗留绿色，以后变成均匀淡黄色，最后变为褐色甚至坏死。

二、含镁肥料的种类和性质

常用镁肥有硫酸镁、钾镁肥等，都是水溶性肥料，容易被作物吸收。钙镁磷肥也含有效镁。白云石、菱镁矿等以碳酸镁形态存在，难溶于水，肥效较慢，适用于酸性土壤。

此外，有机肥料中也含有镁和其他养分，如厩肥含镁量为干物质的 0.1%~0.6%。新鲜厩肥按干物重 25% 折算，每吨厩肥可提供 4~24kg 的镁，平均为 12kg。

三、镁肥的施用与效果

镁肥的效应与土壤镁供应水平密切相关。土壤含镁量变化很大，从痕迹至 3% 以上，主要以无机形态存在。土壤含镁矿物转变为有效镁的速度很慢，而作物主要吸收水溶性镁和交换性镁。前者土中含量很少，而土壤交换性镁占全镁量的 0.3%~13%，其含量多少是评定土壤镁素供应水平的一个指标。

我国红壤地区镁的含量为 0.06%~0.3%，交换性镁仅占全镁量的 4% 左右，不能满足一般作物的需要。如土壤交换性镁低于 1.2mg/kg 时，作物会出现缺镁症状。一般地说，沼泽土、沙质土和酸性土等缺镁较严重，施用镁肥效果较好。

镁肥的效应还决定于镁与其他养分的比例，其中影响最大的是钾离子和钙离子。如这些离子大量存在时，即使有效性镁的绝对量并不低，由于离子间的拮抗作用，也能导致作物缺镁。

各种作物对镁的要求不同，其增产效果也不一致。大量研究资料表明，豆科作物、块根、块茎类作物对镁肥的效应较好，而谷类作物只有在严重缺镁的土壤上才有显著效果。在江西红壤上的研究证明，大豆、花生、水稻和紫云英等作物施用镁肥肥效显著，其中，豆科作物增产效果较稳定，如大豆、花生等作物可增产 20% 左右。镁肥还可以提高大豆含油量。甘薯、马铃薯施用镁肥后，块根、块茎增长量超过茎叶增长量。施用镁肥还可提高甘蔗、甜菜和柑橘类果实的含糖量。

镁肥宜与其他肥料配合施用，可做基肥或追肥，用量视作物种类和土壤缺镁程度而定。一般亩施用硫酸镁 12.5~15kg（折合 Mg 1.2~1.45kg）。应用于根外追肥，可迅速克服作物缺镁，但效果不持久。

第三节 硫 肥

一、硫的营养作用

作物体中硫的含量与磷相近，十字花科、百合科、豆科等作物需硫较多，而谷类作物需要量较少。作物所需的硫，主要从土壤中吸取硫酸根离子，也可通过叶片从大气中吸收少量二氧化硫气体。以上两者都可被作物同化。大气中二氧化硫浓度约为 0.05mg/L，为正常；如超过 1mg/L，则对多数作物均有毒害。

硫是蛋白质和酶的组成元素，一般蛋白质含硫 0.3%~2.2%。硫还是许多酶的成分。硫是固氮酶系统的一个组成部分，为豆科作物固氮所必须。施用硫肥常能促进豆科作物形成根瘤，增加固氮量，并提高种子产量。

作物休中硫的移动性不大，很少从老组织向幼嫩组织运转。缺硫时，作物生长受到严重障碍，叶片褪绿或黄化，茎细弱，与缺氮有些相似。但缺硫症状首先在幼叶上出现，这一点不同于缺氮植株。

二、含硫肥料的种类与性质

(一) 石膏

石膏是最重要的硫肥,也可作为碱土的化学改良剂。农用石膏有生石膏、熟石膏和含磷石膏3种。

生石膏就是普通石膏,其化学式为 $CaSO_4 \cdot 2H_2O$,微溶于水。使用时应先磨细,通过60号筛孔,以提高其溶解度。石膏粉末愈细,改土效果越快,作物也容易吸收利用。

熟石膏也称雪花石膏,由普通石膏加热脱水而成,其化学式为 $CaSO_4 \cdot 1/2H_2O$。熟石膏容易磨细,颜色纯白,但吸湿性强,吸水后变成普通石膏,成碎块或大块,所以应存放于干燥场所。

含磷石膏是硫酸法制磷酸的残渣, $CaSO_4 \cdot 2H_2O$ 含量约为64%,另外尚有少量磷素,一般 P_2O_5 含量为0.7%~4.6%,平均为2%左右。这种肥料含磷很少,主要成分是石膏。

(二) 其他含硫肥料

硫酸铵、硫酸钾、过磷酸钙等化学肥料,都含有硫酸盐,施于缺硫土壤,可以补偿土壤中硫的消耗,提高施肥的经济效益。多数硫酸盐肥料为水溶性,但硫酸钙微溶于水。硫磺难溶于水,只要颗粒很细,施入土壤后,可被微生物迅速氧化为硫酸盐,同样有效。

三、硫肥的施用与效果

(一) 硫肥的增产效应

我国南方有些发僵水稻田,稻苗返青迟缓,甚至停止生长,施用少量硫肥,就能恢复正常。如浙江省农民过去常在红壤发育的水稻土施用石膏或含硫的煤石灰,能促进稻苗迅速返青,根系发育健壮,增产效果显著。

硫肥对豆科作物也有良好效应,花生施用硫肥有不同程度的增产效果，每亩用量 15～25kg，可增产荚果 10%～30%，平均每千克石膏增产荚果 1kg 左右。硫肥又可促进油脂的形成，大豆、花生等作物施用硫肥能增加含油量，如果硫肥和镁肥配合施用，效果更加显著。

(二) 硫肥施用方法

试验表明，水稻从幼苗到抽穗期均需吸收硫，在幼穗形成期吸硫量最多，而且硫向稻穗运转数量也最大，过了这个时期，硫多积累在根中，不能发挥应有的功效。

水稻常用的硫肥有石膏和硫磺，也可应用其他硫酸盐肥料。石膏用量为每亩 5～10kg，一般在插秧时做耙面肥施用，也可在插秧后撒施或塞兜。如石膏用量少（2.5kg/亩），则可蘸秧根或混合几倍土杂肥塞兜，也有显著效果。硫磺难溶于水，不易淋失，但必须通过氧化过程，变成硫酸根后，才能被作物吸收利用。所以硫磺必须提早施用，一般每亩施用 0.5～1kg，拌和土杂肥，作为蘸秧根肥料。

花生、大豆等豆科作物需硫较多，又是喜钙作物，特别是结实期需要大量的钙素养分，施用石膏有利于果壳形成，增加饱果数。在果针入土后 15～30 天是追肥的适宜时期，通常每亩追施石膏 15～25kg，均匀条施土壤中。

(三) 石膏作为碱土的化学改良剂

碱土在我国东北、西北、内蒙古等半干旱地区有零星分布，其主要特点是土壤溶液中含有碳酸钠和重碳酸钠，且土壤胶体以钠胶体为主。在这种条件下，土壤呈强碱性反应。土壤胶体极度分散，干时板结，湿时泥泞，且表土下坚实黏结，严重地影响作物根系的生长。

碱土施用石膏，可与土壤溶液中的碳酸钠、重碳酸钠起化学反应，形成硫酸钠，同时石膏中钙离子可置换土壤胶体上的交换性钠，形成不易分散的钙胶体。硫酸钠易溶于水，可用灌溉水从耕层中冲洗除去。

第四节 硼 肥

一、硼的营养作用

硼在植物体内比较集中分布在茎尖、根尖、叶片和花器官中。由此可见，硼对作物的生长、繁殖有着良好的作用。作物缺硼时，分生组织的细胞分化过程受到阻碍，甚至枯萎。因此，缺硼首先受伤害的往往是茎尖和根尖等生长点，这可能是因缺硼使作物体内核糖核酸的合成受影响。

硼能促进生殖器官的正常发育。花的柱头、子房、雄蕊、雌蕊中都含有相当量的硼。有硼存在时，花粉萌芽快，可使花粉管迅速的进入子房，有利于受精和种子的形成。相反，在缺硼条件下，花药和花丝萎缩，花粉管形成困难，妨碍受精作用，因此，缺硼作物的一个重要症状是籽实不能正常发育，甚至完全不能形成如油菜的"花而不实"、春小麦的"穗而不实"、苹果的缩果病等，严重影响作物的收成。

硼能增强作物的抗逆性，如抗寒、抗旱能力。主要原因：硼促进了碳水化合物的合成和运输，提高了蛋白质胶体的黏滞性，降低了透性，增加了胶体结合水的含量。此外，硼还能防止多种作物发生生理病害，如萝卜、花椰菜的"褐腐病"，甜菜的"腐心病"，芹菜的"茎折病"和亚麻易感染细菌病害等。

硼对作物体内糖的合成和运输有促进作用。硼还可以提高豆科作物根瘤菌的固氮活性，增加固氮量。

二、常用硼肥的种类与性质

硼酸（H_3BO_3）含硼量17.5%，白色结晶或粉末，溶于水；

硼砂（$Na_2B_4O_7 \cdot 10H_2O$）含硼量 11.3%，白色结晶或粉末，溶于水；硼镁肥（$H_3BO_3 \cdot MgSO_4$）含硼量 1.5%，灰色粉末，主要成分溶于水。

三、硼肥的施用和效果

水溶性硼肥如硼酸、硼砂可做基肥、种肥、种子处理和根外追肥。施用量和施用方法有关。在土壤缺硼情况下进行土壤施肥，每亩用量为 0.125～0.20kg 硼。根外喷施是将硼肥配成溶液，浓度一般为每升水加 0.25～1.0g 硼酸或 0.50～2.0g 硼砂，每亩喷液量为 50～75kg。浸种的浓度随作物种类、浸种时间、温度等条件而不同，一般用硼酸 0.1～0.5g/L，浸种 6～12h，种子与溶液的重量比为 1:1。也可用 0.1%～0.2% 溶液蘸秧根。拌种时每千克种子用硼酸或硼砂 0.40～1.0g。如做根际追肥宜早施，效果较好。如春小麦应在拔节前追肥，拔节后施用效果差，甚至无效。为了达到施用均匀的目的，可与氮、磷等肥料混合后施用。

硼肥的使用效果，因土壤性质和作物种类而异。当土壤有效硼低于 0.5mg/kg 时，施用硼肥可有不同程度的增产效果；如果低于 0.1～0.2mg/kg，则作物产量将会显著增加。

各种作物对硼的需要量有一定的差异，因此，对硼肥的反应也不相同。试验表明：豆科和十字花科（如油菜等）以及甜菜、马铃薯、麻类、棉花、花椰菜、番茄、黄瓜、葡萄、梨、苹果、桃、油橄榄等对硼肥的反应较好，其他作物例如小麦、大麦、玉米、水稻等虽不及上述作物对硼敏感，但在缺硼时，产量仍显著受到影响，在轻度和中度缺硼条件下，施用硼肥增产效果：油菜 51.1%，小麦 14.6%，早稻 9.4%，后作稻 13.7%。

此外，耕作措施和施肥情况也影响作物对硼的需要。施用有机肥料有助于满足作物对硼的需要，施用大量氮、磷或钾等化肥时，会使作物对硼的需要量增多。在酸性土壤上施用石灰，改变了作物体内的钙、硼比率，使作物需硼量增多。

第五节 钼 肥

一、钼的营养作用

钼在植株内含量随作物种类和不同器官而异，豆科作物为 1.9~91mg/kg（干重），比非豆科作物含钼量高 0.01~0.7mg/kg，豆科作物体内的钼多集中在根瘤菌内，其次是种子内。

钼能促进硝态氮的同化作用，缺钼时体内硝态氮积累，氮的同化受到抑制；钼对生物固氮作用有着良好的影响，钼为固氮微生物，特别是豆科作物共生的根瘤菌固定大气氮素时所必需的，豆科作物增施钼肥，可以提高产量，改善品质；钼又能增进叶片光合作用强度，试验表明，小麦上施钼后总光合强度比对照增加 10%~40%。

二、常用钼肥的种类与性质

钼酸铵（NH_4）$_2MoO_4$ 含钼量为 49%，青白色结晶或粉末，溶于水；钼酸钠 Na_2MoO_4 含钼量为 39.6%，青白色结晶或粉末，溶于水；钼渣，含钼量为 9%~18%，杂色，不溶于水。

三、钼肥的施用和效果

水溶性钼肥通常用作种子处理和根外追肥。钼渣一般做基肥或种肥使用。浸种浓度一般为 0.05%~0.1%，浸 12h 左右。拌种用量一般为每千克种子 2~6g，先将钼酸铵用少量热水溶解，再用冷水稀释到所需要的浓度。喷施浓度一般用 0.01%~0.1%，每亩每次喷 50kg 左右，水稻、花生以 0.03%~0.05% 浓度为好。

如钼酸铵做种肥,用量一般为每亩 10~50g,可与其他肥料如钙镁磷肥混合均匀后施用。钼渣用量一般以有效钼计算,做基肥或种肥的用量为 50g/亩左右。

不同作物对钼肥的反应不同。钼肥肥效以豆科作物和豆科绿肥作物增产效果最好,粮食作物、经济作物也有一定的肥效。例如:大豆浸种或喷施,增产 17.1%~19.5%;花生浸种、拌种、喷施,增产 13.7%~14.2%;绿肥作物浸、拌种,增产种子 9.7%,鲜草 18.4%;三麦施钼肥平均增产 8.8%。

磷肥的施用能明显地促进作物对钼的吸收,特别是豆科作物。在酸性土壤上,这种作用更为明显。因此,钼肥和磷肥配合使用对豆科植物常表现出良好的正连应效应。

第六节 锌 肥

一、锌的营养作用

锌能促进作物进行光合作用;锌在植物体内还参与生长素(吲哚乙酸)的合成;锌还是多种酶,如谷氨酸脱氢酶、苹果酸脱氢酶、磷脂酶等的组成成分。它们对体内物质水解、氧化还原过程和蛋白质的合成起着重要作用,因此,锌的适量供应,能促进作物体的物质代谢,对作物的生长发育十分有利。

二、常用锌肥的种类与性质

硫酸锌($ZnSO_4 \cdot 7H_2O$)含锌量 24%,白色或淡红色结晶,溶于水。氧化锌(ZnO)含锌量 80%,白色粉末,不溶于水。氯化锌($ZnCl_2$)含锌量 48%,白色结晶可溶于水。

三、锌肥的施用和效果

水溶性锌肥一般用作拌种、浸种、蘸秧根或根外追肥，亦可作为根际追肥和基肥施用。但从经济效益来看，喷施、浸种、拌种、蘸秧根效果较好，但非水溶性锌肥，一般宜做基肥施用。硫酸锌做喷施或浸种时，一般浓度为 $0.02\% \sim 0.1\%$，对水稻浓度可增至 $0.1\% \sim 0.2\%$；拌种用量为每千克种子用 $2 \sim 6g$ 锌肥，须先与钙镁磷肥等废料混匀后再拌种。采用氧化锌蘸秧根，溶液浓度一般为 $1\% \sim 1.5\%$，配制成悬浊液，每千株秧苗约需要 1L 溶液。作基肥每亩用量相当于氧化锌 $1.0 \sim 2.5kg$。据试验，水稻以蘸秧根效果较好，秧田面施、喷施、浸种以及做基肥也有增产效果。

果树缺锌，可在早春萌芽前一个月喷施 5%硫酸锌溶液或将溶液注射到树干内。发芽后可用 $3\% \sim 4\%$ 的硫酸锌溶液涂刷一年生枝条 $1 \sim 2$ 次，效果都很好。

对锌敏感的作物有玉米、水稻、亚麻、蓖麻、棉花、甜菜、一些豆类和果树（柑橘、桃、苹果、梨等），其中又以玉米、柑橘和桃更甚。当土壤缺锌时，上述作物施锌都会有良好的增产效果。

锌肥的使用还要考虑各种营养元素的平衡问题。在有效磷含量高的土壤或施用多量磷肥后，应注意锌肥的施用，以保持土壤中适当的 P/Zn 比。此外，在施用石灰的酸性土壤中，锌肥的效果亦容易表现出来。

第七节 锰 肥

一、锰的营养作用

植物叶绿体中含有锰,它以结合态直接参与光合作用过程中水的光解;锰对作物的呼吸作用也有一定的影响,这与锰作为三羧酸循环中许多酶的活化剂有关;锰参与硝态氮还原成氨的过程,如果作物缺锰,会使硝态氮在体内积累;锰还能促进种子发芽和幼苗早期生长,加速花粉发芽和花粉管伸长,提高结实率;又可提早幼龄果树的结果年限,此外,锰对维生素 C 的生成以及加强茎秆的机械组织强度都有良好作用。

二、常用锰肥的种类与性质

硫酸锰($MnSO_4 \cdot 3H_2O$)含锰量为 26%~28%,粉红色结晶,溶于水;氯化锰($MnCl_2$)含锰量 19%,粉红色结晶,溶于水;含锰矿渣不溶于水。

三、锰肥的施用和效果

硫酸锰等水溶性速效锰肥施用到中性或碱性土壤上,很容易转化为难溶性形态,因此,采用根外追肥、浸种或拌种等施用方法,其效果往往比土壤施肥效果好。缓效性锰肥以做基肥为宜。硫酸锰用于喷施和浸种,浓度一般为 0.1% 左右;用于拌种,一般作物为每千克种子 4~8g,但甜菜可增至 16g。做种肥以硫酸锰为好,用量为每亩 1.0~2.0kg。喷施以苗期和生殖生长初期使用效果较好。

第八节 铁 肥

一、铁的营养作用

作物体内铁的含量一般为干物质重的0.3%,比较集中的分布于叶绿体中。铁虽然不是叶绿素的组成成分,但它对叶绿素的形成是不可缺少的。作物缺铁时因叶绿素不能形成而造成"缺绿症"。由于铁在体内很难转移而被再利用,所以"缺绿症"首先出现在幼嫩叶片上。

铁是作物体内铁氧还蛋白的重要组成部分。铁氧还蛋白与叶绿体相结合,在光合作用电子传递系统中起电子传递作用,因此,缺铁时光合作用受到影响。

铁氧还蛋白还是豆科作物根瘤中豆血红素的成分,铁又是固氮钼铁蛋白和固氮铁蛋白的成分,因而缺铁时生物固氮量减少,豆科作物氮素供应受到影响,植株矮小。

铁也是作物体内许多氧化酶的组成成分,尤其作为磷酸蔗糖酶的最好活化剂,作物缺铁时,影响蔗糖的合成。

二、常用铁肥的种类与性质

硫酸亚铁($FeSO_4 \cdot 7H_2O$)含铁量19%,淡绿色结晶,溶于水;硫酸亚铁铵含铁量14%,淡绿色结晶,溶于水。

三、铁肥的施用和效果

铁肥多用硫酸亚铁。由于亚铁在土壤中会很快转化成不溶性高价铁而失效,所以目前多采用喷施。喷施浓度一般为0.2%~1.0%,果树多在萌芽前喷施。由于二价铁离子在叶片上很容易被氧化成三价铁离子,所以,喷施效果不如其他微量元素肥料。

液体聚磷酸铵掺有硫酸亚铁，其施用效果不如其他微量元素肥料。在根际施用硫磺、硫代硫酸铵、多硫酸铵等化合物，与铁肥配合施用，可使土壤溶液 pH 值下降，有利于土壤中三价铁转化为二价铁。林木、果树还可将 0.2%~0.5% 硫酸亚铁溶液注射入树干内或在树干上钻小孔，每棵树用 1~2g 干亚铁盐塞入孔内，效果也很好，但钻过孔的树干易受病菌感染。基肥用易于分解的有机肥料，并与铁盐混合施用，对防治缺铁症也有一定的作用。

第九节 铜 肥

一、铜的营养作用

铜在作物体内含量极微，一般在 0.001%~0.01%，主要分布于作物生长较活跃的组织中。所以，种子、新叶中含铜量较多，老叶和茎中则较少。

铜是作物体内许多酚氧化酶、抗坏血酸氧化酶、吲哚乙酸氧化酶等多种酶的成分。因此，铜在作物体内与氧化还原反应和呼吸作用等有关。

叶绿素中有较多的含铜酶，因此，铜与叶绿素形成有关。同时，还发现铜又能使叶绿素和其他植物色素稳定性增强，有利于叶片进行光合作用。铜还参与蛋白质和糖类的代谢作用。

二、常用铜肥的种类与性质

硫酸铜（$CuSO_4 \cdot 5H_2O$）含铜量为 25.5%，蓝色结晶，溶于水。炼铜矿渣，不溶于水。

三、铜肥的施用和效果

硫酸铜可做基肥，一般用量为每亩 1.0~2.0kg。如采用穴施或条施的，用量还要减少，每隔 3~5 年施用 1 次。浸种浓度为 0.01%~0.05%。喷施常用浓度为 0.02%~0.04%。采用高浓度时，应加入 0.15%~0.25% 的熟石灰，以免产生药害。

  在泥炭土、沼泽土和部分石灰性土壤上，对铜反应敏感的作物如燕麦、小麦、莴苣、洋葱、菠菜、胡萝卜等，施用铜肥可能有增产效果。

第四章 腐殖酸与微生物肥料

第一节 腐殖酸类肥料

腐殖酸类肥料是以腐殖酸含量较多的泥碳、褐煤、风化煤等为主要原料，加入一定量的氮、磷、钾或某些微量元素所制成的肥料。如腐殖酸铵、腐殖酸氮磷复合肥料、腐殖酸钠、腐殖酸钾、腐殖酸微量元素肥料等，这些通称为腐殖酸类肥料，简称腐肥。

腐肥既含有大量有机质，具有农家肥料的多种功能，同时又含有速效养分，兼有化肥的某些特征，所以，又称它是一种多功能的有机—无机复合肥料。

一、腐殖酸的来源和性质

(一) 腐殖酸的来源

腐肥的特点是含有腐殖酸，而腐殖酸是各种动植物残体经过微生物分解及合成，再缩聚而成的一种高分子有机化合物。腐殖酸不仅广泛地存在于各种肥沃的土壤、各种淤泥和腐熟的有机肥料中，还大量存在于泥碳、褐煤、风化煤等有机矿层中。上述各种来源的腐殖酸，一般称为原生腐殖酸。某些有机矿层（如煤层）经过长期物理和化学的风化，在水分和空气中氧的作用下，发生一系列的水解氧化反应，所形成的腐殖酸，称为再生腐殖酸。

腐殖酸按其存在状态，分为游离态腐殖酸与结合态腐殖酸（多与钙、镁结合）。按其在不同溶剂中溶解的情况和颜色，可分为黄腐酸、棕腐酸和黑腐酸。

(二) 腐殖酸的性质

腐殖酸是一组呈黑色或棕色的无定型高分子有机化合物。关于腐殖酸的分子结构，目前尚未完全研究清楚。据初步研究，它由碳、氢、氧、氮、硫等元素组成，是由几个相似的结构单元所组成的大复合体，而每个结构单元都有芳香族聚合物的核，核的外面有羟基和酚基等，并联接着多肽和糖类。因为腐殖酸是由很多极小的球形微粒聚积而成，故有很大的内表面和良好的胶体表面性质，如吸附力、黏结力和胶体的高度分散性等。腐殖酸结构中的活性基团，特别是羧基、酚基等，能使腐殖酸具有酸性、亲水性、吸附性，能和某些金属离子生成螯合物。

腐殖酸难溶于水，但能溶于碱性溶液，并与一价碱金属离子化合，形成腐殖酸盐，易为作物所吸收。在酸性条件下，或有二价和三价阳离子如 Ca^{2+}、Mg^{2+}、Fe^{3+}、Al^{3+} 等存在时，所形成的腐殖酸盐则难溶于水。

腐殖酸还具有很好的生理活性，这对于作物的营养和代谢，具有极为重要的作用。

二、腐肥的作用和有效施用的条件

(一) 腐肥的作用

腐肥是一种多功能的有机无机复合肥料，它的作用是多方面的，概括起来有以下几点。

1. 改良土壤

腐肥中的腐殖酸有机胶体与土壤中的钙离子结合形成絮状凝胶，这种胶体是很好的胶结物质，能把土粒胶结起来，使土壤中水稳性团粒结构增加，土壤的水、热、肥、气状况得以协调，尤其对改良过黏或过沙等瘠薄土壤，腐肥的效果较好。

腐殖酸还具有较高的阳离子交换量，对土壤中阳离子的吸收能力较强，因此，在我国南方酸性红黄壤地区，腐殖酸可以吸收络合游离的铁铝离子，形成内络合物，因而减少游离铁铝的危害和磷的固定。在北方盐碱土地区，施用腐肥后使表层土壤的团粒结构增加，有利于减少水分的蒸发和盐分在土壤表层的积累；此外，腐殖酸分子中的活性基团，对土壤中的阳离子 Na^+、Ca^{2+}、Mg^{2+}、Fe^{3+}、Al^{3+} 和阴离子 Cl^-、SO_4^{2-} 等具有很强的交换能力和吸附作用。利用这种吸附性能使土壤溶液中氯化物、硫酸盐浓度降低，减少土壤盐分对作物的危害。

2. 增加养料，提高肥效

腐肥除腐殖酸外，尚含一定数量的速效氮、磷、钾，供作物生育需要。而且腐殖酸又能吸附、交换与活化土壤中很多矿质营养元素，如磷、钾、钙、镁、铁、硫以及微量元素等，使这些元素的有效性大大增加，从而改善了作物的营养条件。腐殖酸还可以保存铵态氮，减少氨的挥发损失，提高氮肥效果。

在石灰性土壤中，使用腐殖酸类肥料，可以促进土壤中难溶性磷酸盐的转化。将腐肥与氮、磷、钾化肥配合使用，能提高化肥的利用率，特别有利于提高磷肥的肥效。

3. 刺激作物生长

腐肥的刺激作用主要表现在促进作物种子萌发，提高种子出苗率，促进根系生长，提高根系吸收水分和养分的能力，增加分蘖（枝）和提早成熟。

(二) 腐肥的有效施用条件

为了提高腐肥肥效，必须掌握腐肥的有效施用条件，要考虑腐殖酸的性质、作物的种类和发育阶段、环境条件以及与其他肥料配合等因素。

1. 腐殖酸的性质

不同来源的腐殖质，由于其腐殖酸的组分、分子量的大小等不同，因而其刺激作用的大小也不同。其次，腐殖酸必须是可溶性的腐殖酸盐，并且只有在一定浓度范围内（万分之几或十万分之几），才能产生刺激作用。较高浓度的腐殖酸盐，对作物反而会起抑制作用。

2. 作物种类和生育期

腐肥的效果因作物种类而不同，如在白菜、萝卜、番茄等蔬菜作物肥效较好，其次是块根、块茎类作物，禾谷类作物也有一定效果。

一般在作物生育前期和作物生长旺盛时期，如种子萌发期、幼苗期、移栽期、分蘖期，以及开花等时期，腐肥的效果常较显著。

3. 土壤类型

腐肥对缺乏有机质和较贫瘠的沙性土、盐碱土、红黄壤以及某些黏重、板结、低湿的土壤，如死黄泥、白善泥、冷浸田、下湿田、矿毒田等肥效较好。但在土壤有机质和有效氮含量较高的肥沃土壤上，腐肥的效果常不明显。故腐肥应尽量先用于肥力较低的土壤。

4. 水分和温度

只有在水分充足的条件下，腐殖酸成溶胶状时，腐肥才能产生肥效。故在水田腐肥的肥效较旱地好。在旱地作物，腐肥配合清水粪或结合灌溉施用效果也较好。此外，腐肥只有在适合作物生长的温度范围内（一般在 $18\sim28℃$），才会产生作用。

5. 肥料配合

腐肥含速效养分较化肥低，因此它不能代替化肥，而应与化肥和农家肥等配合施用，如氮肥、磷肥等。

三、腐肥的施用及肥效

（一）腐铵及硝基腐铵

腐铵主要用作基肥，亦可用作追肥，但应早施。一般采用沟施或穴施，施后覆土。腐铵施用量与其质量有关，如腐铵含量20%以上，含速效氮1.0%~1.5%的腐铵，每亩用量100~200kg；腐殖酸含量30%~40%，速效氮2%以上的腐铵，每亩施50~150kg。

大量实验结果表明：含腐殖酸20%~30%，含氮1.0%~2.0%的施腐铵较不施的增产20%左右，与等氮量化肥比较，增产10%左右。

硝基腐铵可做基肥、种肥或追肥，施用方法基本上与腐铵相同。因硝基腐铵含水溶性成分较高，施用时应注意防止局部浓度过高而引起烧苗现象。基肥用量每亩25~50kg，追肥用量与等氮量的化肥相同，或略多些。

（二）腐殖酸氮磷肥

腐氮磷一般用作基肥或种肥，条施或穴施均可。用量可根据肥料中氮、磷含量以及作物种类、土壤肥力情况决定，一般每亩用量为75~100kg。

（三）腐殖酸钠

施用方法有以下几种。

1. 浸种

浸种的浓度为0.005%~0.01%。浸种时间视种子大小，种皮薄厚，吸胀能力和地区气温而定。凡种皮坚硬、籽粒较大的种子，浸种浓度大些，浸种时间可长些（如水稻、棉花需浸24h以上）；反之，浸种浓度应小，浸种时间也相应缩短（如小麦、蔬菜等浸4~8h即可）。

2. 浸根、浸插条

水稻、甘薯和某些蔬菜移栽时及果树、桑树等扦插繁殖时，用腐钠溶液浸根、浸藤或浸插条约数小时，可促进发根，次生根增多，缩短缓苗期，提高成活率。浸根或浸插条的浓度为 0.01%~0.05%。

3. 根外喷施

在作物后期根外喷施 2~3 次，可促进养分从茎叶向籽实（或块根、块茎）中转移，使籽粒饱满、千粒重增加，还可促进果实的成熟。喷施浓度一般为 0.01%~0.05%。

4. 追肥

在幼苗期用 0.01%~0.10% 的浓度浇灌在作物根系附近。

第二节 微生物肥料

所谓微生物肥料是指含有特定微生物活体的制品，应用于农业生产，通过其中所含微生物的生命活动，增加植物养分的供应量或促进植物生长，提高产量，改善农产品品质及农业生态环境的一种肥料。

一、微生物肥料的种类

目前，在生产上应用的微生物肥料主要是微生物菌剂和复合微生物肥料两大类。菌剂类产品是指一种或一种以上的目标微生物经工业化生产扩繁后直接使用或仅利用该培养物存活的载体吸附所形成的活体制品。按产品中特定微生物种类或作用机制又可分为若干个种类，目前有固氮菌菌剂、根瘤菌菌剂、磷细菌菌剂、硅酸盐细菌菌剂、光合细菌菌剂、有机物料腐熟剂、促生菌剂和复合微生物菌剂等。它们在单位面积上的用量少，一般每公顷使用量不超过 30kg。

复合微生物肥料类产品是指目标微生物经工业化生产扩繁后与营养物质等复合而成的、含有该培养物活体的制品。它在单位面积上的用量较大，一般每公顷使用量超过150kg。

（一）微生物菌剂

1. 固氮菌菌剂

固氮菌菌剂能在土壤和许多作物根际同化空气中的氮气，供应作物氮素营养。固氮菌能将大气中的分子态氮转化为农作物所利用的氨，进而为其提供合成蛋白质所必须的氮素。

2. 根瘤菌菌剂

根瘤菌是指能与豆科作物共生，形成根瘤，并进行生物固氮的一类革兰氏染色阴性的杆状细菌。根瘤菌菌剂用于豆科作物接种，是使豆科作物结瘤，固氮的接种剂。

另外，根瘤菌、放线菌和蓝细菌还能与非豆科植物形成根瘤，并在其中进行固氮。自然界中除了根瘤细菌和豆科植物的共生固氮作用外，还有一些木本双子叶植物的根系上也能形成根瘤菌，它们也能固氮，但根瘤内共生的并非是根瘤细菌而是共生固氮的放线菌，即非豆科植物的共生固氮弗兰克氏菌属的种。它们同样具有固定空气中氮素的能力，其中一些固氮能力比大豆根瘤菌还高。

3. 磷细菌菌剂

磷细菌菌剂既能将土壤中难溶性的磷转化为作物能利用的有效磷，又能分泌激素刺激作物生长。磷细菌是可将不溶性磷化物转化为有效磷的部分细菌的总称。

根据磷细菌对磷的转化形式可分为两类：细菌产生酸使不溶性磷矿物变为可溶性的磷酸盐，称为无机磷细菌，主要是分解磷酸三钙的细菌，如氧化硫硫杆菌；某些细菌如巨大芽孢杆菌、蜡状芽孢杆菌产生乳酸、枸橼酸等酸类物质，使土壤中的难溶性磷、磷酸铁、磷酸铝及有机磷酸盐矿化，形成可被植物吸收利用的可溶性磷，称为有机磷细菌。

4. 硅酸盐细菌菌剂

硅酸盐细菌菌剂又称钾细菌菌剂，能对土壤中云母、长石等含钾的铝硅酸盐及磷灰石进行分解，释放出钾、磷与其他灰分元素，改善作物的营养条件。

硅酸盐菌菌剂有效成分为活的硅酸盐细菌，如芽孢杆菌中的胶质芽孢杆菌和环状芽孢杆菌等，该菌一方面由于其生长代谢产生的有机酸类物质，能够将土壤中含钾的长石、云母、磷灰石、磷矿粉等矿物的难溶性钾及磷溶解出来为作物和菌体本身利用，菌体中富含的钾在菌死亡后又被作物吸收；另一方面它所产生的激素、氨基酸、多糖等物质还能促进作物的生长。同时，该细菌在土壤中繁殖，能抑制其他病原菌的生长，增强植株的抗寒、抗旱、抗虫、防早衰、防倒伏能力，对作物生长、产量提高及品质改善有良好作用。

5. 植物根际促生菌剂

植物根际促生菌是指生存在植物根圈范围中，对植物生长有促进或对病原菌有拮抗作用的益生菌类，当接种于植物种子、根系、块根、块茎或土壤时，能够促进植物的生长。

植物根际促生菌剂通过一种或多种促生机制直接或间接的促进植物的生长，这些促生机制包括：对植物的直接刺激作用，多种植物根际促生菌剂通过产生植物激素等促进植物生长；许多植物根际促生菌剂能够促进植物的根生长，改变根形态，增加根长度、根毛数、侧根数、重量及表面积，对于植物吸收养分和水分具有显著影响，增加植物对磷、铁、锌及其他微量元素的吸收，有效缓解作物的营养平衡问题；促生菌类通过各种代谢活动，促进土壤养分释放，而且在其生长繁殖过程中，持续不断的产生抗生素、抗菌蛋白、病原菌细胞壁水解酶等生物活性物质，抑制或杀死植物病原菌；植物根际促生菌剂还能诱导植物系统抗性，抑制土壤病原菌，降解土壤毒素，消除重茬障碍等。

6. 有机物料腐熟剂

有机物料腐熟剂是能加速各种有机物料，包括农作物秸秆、畜禽粪便、生活垃圾及城市污泥等分解、腐熟的微生物活体制剂。

有机物料腐熟剂中含有能分别适应各温区的特定微生物，如细菌、丝状真菌、放线菌和酵母菌等，且这些菌经过专门工艺发酵并复合在一起，互不拮抗，互相协调，具有独特的优势，比土著微生物适应性强，可促进有机固体废弃物转化为优质的生物有机肥料。它不仅对有机物料有强大腐熟作用，而且在发酵过程中还繁殖大量功能细菌并产生多种特效代谢产物（如激素、抗生素等）。从而使有机物料经堆肥化处理后的堆肥成品肥效高，刺激作物生长发育，提高作物抗病、抗旱、抗寒能力；功能性细菌进入土壤后，表现出综合作用，可以增加土壤养分含量、改良土壤结构、提高化肥利用率。

7. 光合细菌菌剂

能利用光能作为能量来源的细菌，统称为光合细菌。根据光合作用是否产氧，可分为不产氧光合细菌和产氧光合细菌（蓝细菌）；又可根据光合细菌碳源利用的不同，将其分为光能自养型和光能异养型，前者是以硫化氢为光合作用供氢体的紫硫细菌和绿硫细菌，后者是以各种有机物为供氢体和主要碳源的紫色非硫细菌，在实际生产应用中大部分是不产氧型光合细菌。

光合细菌菌剂使农作物增产增质的原因，可归纳为以下两个方面。一是光合细菌能促进土壤物质转化，改善土壤结构，提高土壤肥力，促进作物生长。光合细菌大都具有固氮能力，能提高土壤氮素水平，通过其代谢活动能有效的提高土壤中某些有机成分、硫化物和铵态氮的含量，并促进有害污染物如农药等的转化；同时能促进有益微生物的增殖，使之共同参与土壤生态的物质循环。此外，光合细菌产生的丰富的生理活性物质如脯氨酸、尿嘧啶、胞嘧啶、维生素等都能被作物直接吸收，有助于改善作物的营养，激活作物细胞的活性，促进根系发育，提高光合作用和生殖生长能力。二是光合细菌能增强作物抗病防病能力。光合细菌含有抗细菌、抗病毒的物质，这些物质能钝化病原体的致病力以及抑制病原体生长。同时光合细菌的活动能促进放线菌等有益微生物的繁殖，抑制丝状真菌等有害菌群的生长，从而有效的抑制某些植物病害的发生与蔓延。

8. 5406 抗生菌剂

5406 抗生菌剂是一种人工合成的具有抗生作用的放线菌剂。它能转化土壤中的迟效养分，增加速效态的氮、磷含量，对根瘤病、立枯病、锈病、黑斑病等均有抑制病菌和减轻病害的作用。同时，能分泌激素，促进植物生根、发芽，且对作物无药害。

5406 抗生菌剂可用作种肥，与过磷酸钙混拌以后盖在种子上，促进种子萌发和生根发芽；也可用作追肥，全国各地田间试验推广统计资料表明，施用 5406 抗生菌剂后，均有大幅度增产效果。

9. 复合菌剂

由两种或两种以上互不拮抗的微生物菌种制成的微生物制剂。此类菌剂一般具有种类全、搭配合理、功能性强、经济效益高等优良特点。目前，国内微生物菌剂发展迅速，用以做复合肥、有机肥、冲施肥等的功能菌，可有效提高肥料利用率，防治细菌、真菌病害感染，见效快，收益高。

（二）复合微生物肥料

复合微生物肥料是指由特定微生物与营养物质复合而成，能提供、保持或改善植物营养，提高农产品产量或改善农产品品质的活体微生物制品。由于作物生长发育需要多种营养元素，单一菌种、单一功能的微生物菌剂已经不能满足现代农业发展的需求,因此,现在微生物菌剂趋向于向复合微生物肥料发展。

二、微生物肥料的功能特点

(一)微生物肥料的功能

提供或活化养分,产生促进作物生长的活性物质,促进有机物料腐熟,改善农产品品质,增强作物抗逆性,改良和修复土壤。

(二)微生物肥料的优势

微生物肥料有着传统化肥难以比拟的优势,能有效改良土壤肥力,提高化肥利用率,同时提高资源利用率。试验证明,微生物肥料在发展绿色农业、保护农业生态环境、推动现代农业可持续发展中发挥着相当重要的作用。

1. 改善土壤养分,提高作物产量

微生物肥料有效菌能够促进土壤中难溶性养分的溶解和释放,提高土壤养分的供应能力,如生物钾肥、磷肥等。有效菌所分泌胞外多糖物质是土壤团粒结构的黏合剂,能够增强土壤团粒结构,疏松土壤,提高土壤通透性和保水保肥能力,增加土壤有机质,活化土壤中的潜在养分,改善土壤中养分的供应状况。同时,还能分泌赤霉素、细胞分裂素、生长素等活性物质,刺激、调节、促进作物的生长发育,有利于农作物增产。多年的农业生产应用实践证明,微生物肥料可显著提高农作物产量,能使番茄、黄瓜等瓜果类蔬菜,早开花坐果7~10天,多产一穗果。

2. 改善作物品质,增强作物抗性

微生物肥料可将无机元素转化为有益于植物生长的有机化合物,改善土壤氧化还原条件,影响氮素脱氧和氧化过程,从而降低硝酸盐含量,提高农产品的安全性。同时,可产生生长素、进行根际固氮和分解难溶性磷钾元素等,促进植物的生长。它能有效改善农产品品质,显著提高蛋白质、糖分、维生素、氨基酸等营养成分含量，使作物果实、籽粒饱满光滑，蔬菜果品色泽亮丽，具有较高的商品价值。

大多微生物肥料中的有效菌，均有分泌抗生素类物质和多种活性酶的功能，能抑制或杀死致病菌，降低病害发生及增强作物的抗逆性，如可增强农作物的抗旱、耐寒、抗倒伏、抗病及抗盐碱能力，同时还能有效预防作物生理性病害的发生。

3. 降低生产成本、减少环境污染

微生物肥料有效菌大多能分解土壤中的有机质，有机质分解过程中生成腐殖酸，腐殖酸与过量的氮肥形成腐殖酸铵，减少氮肥的流失。解钾溶磷有效菌能将固化在土壤中的化学钾肥、化学磷肥分解转化为速效钾、有效磷，有效减少化学钾肥、化学磷肥固化，提高其利用率。微生物肥料充分利用微生物的某种特征，活化增加土壤有效养分，可减少化肥施用量的 10%~30%，从而节约施肥成本，减少煤与石油的消耗，降低农田氮氧化物排放。微生物固定的氮素可直接储存在生物体内，大大降低了对生态环境的污染。一般微生物肥料采用生物技术培养，与天然有机物质有效组合成生物制品。施用微生物肥料。一般不会污染环境、破坏土壤结构，也不会造成农产品有害物质的残留，可有效保障农产品的食品安全。

4. 充分利用资源，修复有机污染

目前，我国磷钾资源严重不足，特别是钾肥大量依靠进口。如何挖掘养分资源潜力，将土壤中难溶性磷、钾转化成有效态养分供作物吸收利用，一直为国内外学者所关注。毋庸置疑，微生物肥料的应用，为挖掘利用大气中的氮、土壤中的难溶性磷、钾等养分，创造了有利条件。

微生物肥料的应用，可降低化肥对土壤养分、结构等方面的不良影响，在一定程度上改善土壤的理化性状。同时，又能增强土壤微生物的活动能力，减少土壤养分流失，避免产生富营养化，有效培肥保护农田，推动农业生产可持续发展。

微生物肥料因其活菌量大、种类多、变异快，降解有机物的潜力相当大，几乎所有污染环境的有机物，都能被微生物分解利用，而且干净彻底、无二次污染。据此，可开辟农田土壤农药残留污染微生物修复的新途径。

(三)微生物肥料的局限性

微生物肥料因其提供的养分量有一定的限度，还不可能完全替代化肥和有机肥，还必须与有机肥及化肥配合施用。而且，微生物肥料是一类活菌制品，它的效能受到菌类活性及使用方法的制约。

1. 有效活菌数量限定

微生物肥料产生肥料效能的核心，是利用品种特定的有效活菌，活化土壤养分、分泌活性物质，刺激作物生长或抑制病害发生等。国家微生物肥料的标准，对任何一种剂型产品的有效活菌数量都有明确的规定，不得低于某一有效活菌数量。因为有效活菌数降低到一定程度时，将会失去其效能作用。

2. 微生物的适宜环境

微生物肥料是一类农用活菌制剂。在生产中要注意给产品中的微生物创造有益的生存环境，主要是适宜的水分含量、酸碱度、温度、载体中残糖含量、包装材料等。在应用中同样也要注意微生物的适用条件，禁止与强碱、强酸肥料混用。另外，土壤温度、含水量过低会影响微生物活性，一般棚室温度 $18\sim30℃$ 比较适宜适用；保存时应置于阴凉干燥处，防晒、防破裂。

3. 活菌制剂保质期问题

一般微生物菌剂产品，刚生产出来时活菌数量较高，但随着保存时间、运输条件、保存条件的变化，产品中有效活菌数量会逐渐减少。当减少到一定数量时，将难以发挥相应的肥料效应。因此，产品的保质期意义重大，按照微生物肥料的标准要求，一般液体剂型保质期不低于3个月，粉剂和颗粒剂型一般不低于6个月。

4. 作物和地区的适用性

不同的微生物菌剂，发挥效能的机制不同，对不同的土壤和作物有一定的使用性。必须依据区域土壤和作物特性，合理选择适宜的微生物肥料品种，以保证微生物肥料有效作用的发挥。因此，提倡有针对性的选育菌种，开发专用型的微生物肥料。

微生物肥料与化肥、有机肥等任何一种肥料一样，在农业生产中都不可能是万能的。只有了解微生物肥料的功效，选择适宜作物及土壤，并与其他肥料适当调配使用，才能充分发挥其功效，达到事半功倍的效果。

三、常见微生物肥料的合理施用

（一）固氮菌肥

1. 根瘤菌肥料的施用

根瘤菌肥料适于中性、微碱性土壤，多用于拌种，每亩用量15～25g，加适量水混匀后于阴凉处拌种，当天拌种当天用完；若用农药消毒种子，要在拌种前2～3周拌药。也可拌种盖肥，即把菌剂对水后喷在盖土上做盖种肥用。为提高根瘤菌的增产效果，要注意下列施用问题。

（1）选配高效共生固氮组合　在选育高效固氮菌株时，必须进行亲和性、结瘤性测定。

（2）严格把好菌肥生产质量关　保证菌剂有足够的含氮量，控制含杂量，含水量控制在30%以下，室温下储存，有效期3个月。

（3）掌握接种技术　按照每100g接种亩用种的要求，可以达到美国根瘤菌公司提出的参考标准，即小粒种每粒接种菌10^3～10^5个，大粒种每粒10^6～10^8个。种植豆科作物的老区还要加大剂量，以确保接种优势。根据各地栽培条件，适当增加钙镁磷肥、碳酸钙或硼、钼等元素肥料，最好在菌肥前后施用，有利于提高菌的成活率和种子发芽率。

(4) 控制接种时的土壤水分　一般在接种后 1～3 天土壤湿度需要较高，在这段时间内要求土壤湿度为田间持水量的 40%～80%，以利根瘤菌侵染。

(5) 加强田间管理　做好田间管理工作，并加强管理，以利豆科作物和根瘤菌生长的共生固氮作用。

2. 固氮菌肥料的施用

固氮菌肥料适用于各种作物，特别是对禾本科作物和叶菜类蔬菜效果明显。

(1) 对土壤酸碱度反应敏感　最适 pH 值为 7.4～7.6，过酸、过碱的肥料或有杀菌作用的农药，都不宜与固氮菌肥料混施，以免发生强烈的抑制。适于中性或微碱性土壤，酸性土壤上施用固氮菌肥料时，应配合施用石灰以提高固氮效率。

(2) 对土壤湿度要求较高　当土壤湿度为田间最大持水量的 25%～40% 时才开始生长，60%～70% 时生长最好。因此，施用固氮菌肥料时要注意土壤水分条件。

(3) 固氮菌是中温性细菌　固氮菌生长发育的适宜温度为 25～30℃，低于 10℃ 或高于 40℃ 时，生长就会受到抑制。因此，固氮菌肥料要保存于阴凉处，保持一定的湿度，严防暴晒。

(4) 需要特定的碳氮环境　固氮菌只有在碳水化合物丰富而又缺少化态氮的环境中，才能充分发挥固氮作用。土壤中碳氮比低于 (40～70)：1 时，固氮作用迅速停止。土壤中适宜的碳氮比是固氮菌发展成优势菌种、固定氮素最重要的条件。因此，固氮菌最好在富含有机质的土壤中，或与有机肥料配合施用。

(5) 与其他肥料配合施用　土壤中施用大量氮肥后，应隔 10 天左右在施固氮菌肥料，否则会降低固氮菌的固氮能力。但固氮菌剂与磷、钾及微量元素肥料配合施用，能促进固氮菌的活性，特别是在贫瘠的土壤上。

(6)固氮菌剂常规施用方法　一般用作拌种，随拌随播，随即覆土，以避免阳光直射；也可蘸根或做基肥施在蔬菜苗床上；做基肥应与有机肥配合，沟施或穴施，施后立即覆土；也可调成稀泥浆状追施于作物根部，或结合灌溉冲施。

(二)磷细菌肥料的施用

磷细菌肥料按生产剂型不同分为液体、粉剂和颗粒状磷细菌肥料。磷细菌肥料适于各种作物，要求及早集中施用。一般做种肥，也可做基肥或追肥，移栽作物时则宜采用蘸秧根的方法。

1. 基肥

可与农家肥料混合均匀后沟施或穴施，每亩用量 1.5～5.0kg，施用后立即覆土。或是在堆肥时接入解磷细菌，充分发挥其分解作用，然后将堆肥翻入土壤，这样施用的效果比单施好。

2. 追肥

将肥液于作物开花前期追施于作物根部。

3. 拌种

拌种量 1kg，加菌肥 0.5g 和水 0.4mL 调成糊状，加入种子混拌后，将种子捞出待其阴干即可播种。一般随用随拌，拌好后暂时不用的，应放置阴凉处覆盖保存。不能和农药及生理酸性肥料施用。

4. 适用土壤条件

磷细菌属好气性细菌，磷细菌肥料应施用于土壤通气良好、水分适当、温度适宜(25～37℃)、pH 值为 6～8、富含有机质的土壤中，在酸瘠土壤中施用，必须配合施用大量有机肥料和石灰。

（三）硅酸盐细菌肥料的施用

硅酸盐细菌（钾细菌）肥料可用作基肥、追肥、拌种或蘸根，蘸根时 1kg 菌肥加清水 5L，蘸后立即栽植，避免阳光直射。应注意下列施用问题。

1. 与有机肥料配合施用

钾严重缺乏的土壤，单靠硅酸盐细菌肥料，往往不能满足需求。并且，硅酸盐细菌的生长繁殖需要营养，有机质贫乏不利于其快速繁殖。因此，最好与有机肥料配合施用，每亩用量为 10~20kg，施后覆土。这样，既有利于细菌快繁，同时有利于弥补养分供应不足。

2. 避免紫外线照射杀灭

在储、运、用时应避免阳光直射，拌种时应在避光处进行，待稍晾干后，立即播种、覆土。

3. 可与一些农药配合施用

硅酸盐细菌肥料可与杀虫、杀真菌病害的农药同时配合施用，先拌农药，阴干后拌菌剂，但不能与杀菌农药接触，苗期细菌病害严重的作物（如棉花），菌剂最好采用底施，以免耽误药剂拌种。

4. 避免与某些肥料混用

硅酸盐细菌生长繁殖的适宜 pH 值为 5.0~8.0。因此，一般不能与强酸或强碱的肥料混用。同时，注意硅酸盐细菌肥料与钾肥之间存在着明显的拮抗作用，二者不宜直接混用。

5. 注意把握施用时机

由于硅酸盐细菌肥料施入土壤后，从繁殖到释放速效钾需经过一个过程，为保证充足的时间以提高解钾效果，必须要早施。但因为硅酸盐细菌的适宜生长温度为 25~30℃，在早春或冬前低温情况下，其活力会受到抑制而影响其前期供钾。

(四)复合微生物肥料的施用

复合菌肥只有在满足各种有益微生物生长发育的条件时,如有机质丰富、适量的磷肥,适宜的酸碱度和水分、温度等,才能充分发挥其增产作用。

复合菌肥可做基肥或追肥。施用时最好将菌液接种到有机肥料中,混匀后再用;也可将菌液接种到少量有机肥料中堆沤 1 周左右,再掺入大量有机肥料施用。但拌后要立即施用,堆放过久会造成养分损失。

(五)光合细菌肥料的使用

光合细菌肥料一般为液体菌液,用于农作物的基肥、追肥、拌种、叶面肥、秧苗蘸根等,具有以下优点。

1. 做种肥

用作种肥施用,可增加生物固氮作用,提高根际固氮效应,增强土壤肥力。

2. 叶面喷施

可改善植物营养,增强植物生理功能和抗病能力,从而起到增产和改善品质的作用。实践证明,施用光合细菌的效果良好,表现在提高土壤肥力和改善作物营养成分,以及控制作物病害方面。

3. 促腐除臭

在有机废弃物污染治理与资源化利用方面,可用于畜禽粪便的促腐除臭,开发应用前景广阔。

(六)抗生菌肥料的施用

抗生菌肥料是指能分泌抗生素和刺激素的微生物制成的肥料。其菌种通常是放线菌。我国应用多年的 5406 抗生菌肥即属此类。5406 抗生菌肥可用作拌种、浸种、蘸根、穴施、撒施等,施用时要注意下列问题。

1. 浸种或拌种

每亩用量为500g；还可用菌肥7.5kg加入棉籽饼粉2.5~5.0kg、碎土500~1 000 kg、过磷酸钙5kg，拌匀并覆盖在种子上。

2. 控制水分

5406抗生菌是好气性放线菌，良好的通气状况有利于其大量繁殖。施用该菌肥时，土壤水分既不能缺少又不可过多，控制水分含量是发挥5406抗生菌肥肥效的重要条件。

3. 控制酸度

抗生菌适宜的土壤pH值为6.5~8.5，酸性土壤施用时应配合施用钙镁磷肥或石灰，以调节土壤酸度。

4. 注意混用条件

5406抗生菌肥施用时，一般要配施有机肥料和化肥，忌与硫酸铵、硝酸铵混用。此外，抗生菌肥还可以与根瘤菌、固氮菌、磷细菌、硅酸盐细菌菌肥等混施，一肥多菌，可以互相促进，提高肥效；也可与杀虫剂或某些专门杀真菌药物混用，但不能与杀菌剂乙酸苯汞（赛力散）等混用。

(七)秸秆腐熟剂的施用

撒施法配合秸秆就地还田腐解，一般将水稻、小麦等秸秆加以简单切段处理直接还田，或埋于墒沟（20cm×20cm），然后每亩撒施3~4kg有机物料腐熟菌剂，以促进秸秆的腐解。具体方法如下。

1. 秸秆处理

机械收割后，需要把作物秸秆平铺还田，往往有一些秸秆堆在一起未被绞碎，要把未被绞碎的较长秸秆拣出来，用粉碎机粉碎后，再均匀撒回地中。

2. 湿度处理

在秸秆过干、土壤湿度低的情况下，腐熟剂难以发挥作用，要在秸秆上面洒一些水，使秸秆吃饱吃透水，使土壤保持湿润，尽量保证足够的含水量，以便利用微生物促进秸秆腐熟。

3. 腐熟剂选择

要有针对性的选用腐熟剂，要根据待腐熟秸秆的特点，选用适宜的腐熟剂，选择有信誉保障的产品；腐熟剂产品种类繁多，一定不要盲目选用，不能贪图便宜，买不合格产品。秸秆腐熟不好，将严重影响下茬作物出苗和生长发育，导致作物产量品质下降。

4. 腐熟剂施用

按每亩用量 3～4kg，有条件的农户，将腐熟剂对水配成溶液，均匀喷洒在秸秆上，使腐熟剂得到充分利用；条件差的农户，可将腐熟剂直接均匀撒在秸秆上。最好选择在无风的条件下作业，有利于把腐熟剂和秸秆混拌均匀。

近年来，秸秆腐熟剂的应用实践表明，在秸秆直接还田模式下，促腐效果并不稳定。主要原因是秸秆直接还田，腐熟剂施在田间的开放环境，秸秆腐解难以出现明显的升温过程，而且菌剂受阳光、昼夜温度、水分等因素的影响较大；而在堆肥处理过程中，腐熟剂施在可控制的条件下，一般可对堆肥发酵的有关参数进行调节，菌剂的促腐作用可充分发挥。因此，与堆肥处理相比，腐熟剂用于秸秆直接还田，作用效果变化较大。一般在水浇地中施用，促腐效果较好；而在旱地中施用促腐效果难以保证。

第五章 缓控释肥料与复合肥料

第一节 缓控释肥料

一、缓控释肥料的概念

缓控释肥料是缓释肥料与控释肥料的总称,是一类能实现一次性施肥,不用追肥,释放期较长的肥料。可从广义和狭义两个角度来定义这类肥料。从广义上讲,缓控释肥是指养分释放速率缓慢,释放期较长,在作物整个生长期都可满足作物生长需要的肥料。从狭义上讲,它分为缓释肥和控释肥。

(一)缓释肥

缓释肥又称长效肥料,主要指施入土壤后转化为有效养分的速度比普通肥料缓慢的肥料。缓释肥往往控制不好养分释放的速率、方式和持续时间,养分释放时受土壤酸碱性、微生物活动、土壤中水分含量、土壤类型及灌溉水量等许多外界因素的影响,释放不均匀,养分释放速度和作物的营养需求不一定完全同步;同时大部分为单质肥,以氮肥为主。

(二)控释肥

控释肥是指通过各种机制措施预先设定肥料在作物生长季节的释放模式,使其养分释放规律与作物养分吸收规律基本一致,从而达到提高肥效目的的一类肥料。它是能够控制养分供应速度的肥料，是缓释肥的高级形式。施入土壤后，养分的释放速度仅受包膜厚度和土壤温度两个因素的影响，不受土壤水分、酸碱性和微生物活性等因素的影响。近年来。控释肥料被描述为在肥料制备使用过程中释放速率、方式和持续时间已知并可控制的肥料。

（三）控释肥的判断标准

目前，我国尚无统一的控释肥国家标准。为便于与国际市场接轨，主要借鉴欧洲的标准，即在 25℃ 恒温静水培养条件下，把肥料养分形态转变为植物可利用的有效态作为养分释放标准来判定控释肥。必须同时满足以下 3 个条件，否则，就不是控释肥。

1. 24h 内肥料中的养分释放率低于 15%
2. 在 28 天之内养分释放率低于 75%
3. 在达到标识的肥效期时养分释放率不低于 75%

二、缓控释肥料的类型及特点

（一）缓控释肥料的类型

按制备原理不同，缓控释肥可分为物理型、化学型两大类。

1. 物理型缓控释肥

（1）无机包膜型缓释肥 ①硫包膜肥料。目前，市场上常见的缓控释氮肥主要是硫包膜肥料。它是将硫磺在 156℃ 熔化，喷涂于被空气预热的肥料颗粒表面作为包膜，随后用密封剂喷涂封住包膜上的裂缝及微孔，然后喷涂第三层而制成。硫包膜肥料中养分的释放，主要取决于膜的包膜质量及密封剂的密闭效果。②金属氧化物和金属盐包裹肥料。该类包裹缓控释肥，通常先将肥料颗粒与金属的碳酸盐或氢氧化物混合，随后喷涂长链有机酸，稍加热后在肥料颗粒表面上反应形成金属盐包膜，最后用蜡密封。这类包膜肥料制备所需时间较短，成本低廉，储存性能好，但其养分的缓控释性能有待进一步提高。③肥料包膜肥料。这种肥料是在一种肥料的表面再包裹一种或几种另外的肥料。该类缓控释肥料主要以中国乐喜施缓控肥为典型代表。其以尿素作为核心，在其表面依次包裹复合物和微溶性养分物质等（含 N、P、K 和 Mg、Fe、Zn）。该肥料养分释放速度受土壤温度和 pH 值影响较小，养分释放均匀，缓释效果较好。

（2）有机化合物及聚合物包膜肥料　①热固性树脂包膜肥料。在制备过程中，使聚合物作用在肥料颗粒上，由热固性的树脂交联形成疏水聚合物膜。常用的热固性树脂有醇酸类树脂和聚氨酯类树脂。②热塑性树脂包膜肥料。在制备过程中，将树脂溶液或熔体包覆在肥料颗粒表面，可形成一层疏水聚合物膜。③蜡包膜肥料。以蜡作为包膜材料广泛用于各种水溶性肥料。④不饱和油包膜肥料。一般该类肥料要在肥料颗粒上喷涂两个涂层：第一层是高黏性不饱和油；第二层是低黏性不饱和油，主要起密封和粘连作用。⑤改性天然橡胶包膜肥料。天然橡胶经过硫化，添加一些改性物质后就可以用作肥料的包膜材料，由此而制成缓控释肥。

2. 化学型缓控释肥料

（1）化学添加物不与目标肥料结合的缓控释肥料　①添加阻熔性质的缓控释肥料。以缓释尿素为例，在尿素中添加铜、锌、锰化合物及植物所需其他微量元素的无机盐、有机物等，这些物质可使尿素的溶解速度减慢，从而减缓养分的释放速度。②添加养分释放抑制物质的缓控释肥料。如在尿素中添加脲酶抑制剂、硝化抑制剂。加入脲酶抑制剂能降低脲酶的活性，从而使尿素的分解速度变慢，即减慢氨化过程。加入硝化抑制剂能选择性的抑制亚硝酸菌、硝酸菌、脱氮菌的活性，从而减少氮肥的硝化和脱氮作用。

（2）化学添加物与肥料结合的缓控释肥料　这类肥料化学添

加物与目标肥料结合成新物质。即化学添加物与目标肥料结合形成新物质，如甲醛与尿素在特定条件下缩合生成脲甲醛，乙酸醛与尿素在酸性环境下生成环状结构物质，这类缓控释氮肥的养分释放机制是该化合物在外界环境条件的影响下分解，特定化合物与尿素之间的化学键断开，重新生成尿素和特定的化合物，然后，尿素再释放出植物生长所需的氮素。

（二）不同缓释材料及制备工艺的优缺点

1. 树脂类材料与制备工艺

（1）优点　采用树脂类材料包膜肥料养分释放时间长，其中肥料氮素的释放时间可长达500天。欧美和日本等发达国家在草坪、花卉和林木上施用，特别是欧洲和美国严禁在耕地上使用。

（2）缺点　①树脂在土壤中难降解，容易破坏土壤结构。树脂通常降解期为30~50年，包膜尿素中树脂含量为13%~20%，长期施用，必然引起土壤污染，破坏土壤结构，而且难以修复。②影响肥料氮含量。例如：树脂包膜尿素，含氮量33%~40%，也就是说，农民购买100kg缓释尿素，只有80~87kg尿素，其他为污染物树脂。③生产效能较低。采用底喷式硫化床制备工艺，受鼓风机的鼓风量限制，其产量一般为1t/h，世界上最大的也只有3~5t/h，若欲提高产量，需制作很多硫化床，耗能、耗工、费时。

2. 硫磺类材料与制备工艺

（1）优点　包膜效果较好，缓释时间长；适合于缺硫土壤施用，对环境无污染。

（2）缺点　①硫磺性能较脆。肥料包膜时，容易出现微小的裂纹，影响缓释效果。为了弥补缺陷，包硫后还需补包一层树脂。②降低肥料含氮量。硫包衣尿素含硫量为（18%~20%），也就是说，农民购买100kg硫包衣尿素，只买到80~82kg尿素，18~20kg硫磺。③采用硫化床效能低。制备功能缺点与树脂包膜材料相同。

3. 水溶性聚合物材料与制备工艺

(1)优点　无论内质型还是包膜型缓释肥料，均可规模化连续生产。在土壤中易降解，其降解产物进入土壤有机—无机复合胶体内，提高土壤有机—无机复合体含量，有利于改善土壤肥力，促进环境友好。

(2)缺点　工艺条件苛刻。由于是水溶性材料，在包裹尿素时，尿素表面溶解，要求"三迅速"，即迅速包膜、迅速烘干、迅速冷却。包膜时间短，膜厚度仅为微米级，肥料养分释放较快，主要适宜于大田作物。

4. 磷酸铵钾盐材料与制备工艺

(1)优点　最环保的缓释肥料，肥膜和肥核均可为作物提供养分，无副作用产物。

(2)缺点　采用圆盘包膜，生产量相对较低。与树脂和硫磺包膜缓释肥相比，养分释放相对较快，主要适宜于大田作物施用。

(三)缓控释肥料存在的问题

1. 缓控释肥料的界定不规范

无论在学术界还是在肥料行业内，对缓控释肥料的界定不统一，有的称为缓释肥料，有的称为控释肥料，有的称为智能肥料；有的将树脂包膜型肥料称为控释肥料，将其他材料包膜的肥料称为缓释肥料。缓释肥料和控释肥料的界定不规范。

2. 将缓释氮肥与缓释氮磷钾复混肥相混淆

从20世纪60年代初美国学者研制硫包衣尿素至今，国内外科学家研制缓释肥料的目的是为了提高氮素化肥利用率，其中氮肥的主要品种是尿素。从化学成分上，尿素颗粒内、外基本上是均一的，而复混肥的成分是非均一的，而且各个厂家的氮、磷、钾配方和辅料，工艺设备均不一样。因此，不能将缓释尿素（或缓释氮肥)与缓释复混肥料混为一谈。

不能将缓释氮与缓释磷或缓释钾混为一谈。众所周知,肥料氮进入土壤后易转化为硝态氮流失;水溶性磷进入土壤后,迅速被土壤矿物吸附固定,对于磷既不是缓释也不是控释,而是促进释放减少固定。至于钾因作物而论,只有烟草和大棚茄果类蔬菜较特殊,它们在移栽后 50~60 天进入吸收钾的高峰期,在南方和在大棚中降雨或浇水频繁,钾易被淋失。因此,肥料钾需要缓释和控释,其他作物不需要。

3. 养分溶出率与肥效不能等同

目前,有些单位套用欧盟应用于草坪、花卉的缓释尿素推荐标准,即 25℃ 水温下满足以下 3 个条件:24h 初期溶出率≤15%,28 天溶出率≤75%,规定时间溶出率≥75%。该标准对大田作物很难适用。实验室测定的养分释放率仅是相对数值,不等于田间肥效。缓释肥氮素在水中与 3 种旱地土壤中释放速率相比较,在水中 1min 氮素释放率相当于土壤中 3.4~5 天。从作物需氮规律上看,所有大田作物(包括茄果类蔬菜)。前期需氮量约占总需氮量的 1/3,中后期占 2/3,这就是说,对于大田作物,氮素初级释放率以 30%~40% 为宜。大田肥效试验结果表明,缓释尿素在水中 0.5~2h 全部溶解,可基本上满足旱地和水田作物的需要。

(四)缓控释肥料的合理施用

1. 施肥原则

(1)与测土配方施肥相结合　测土配方施肥是一项先进的施肥技术,广泛用于农作物生产,具有显著的节本、增产、增效作用。目前,缓控释肥成本较高,与测土配方施肥相结合,可有效利用土壤养分资源,减少缓控释肥的用量,提高养分利用效率,降低用肥和用工成本,减少施肥带来的环境污染风险。

(2)与普通化肥掺混相结合　目前,普通化肥仍是农作物生产用肥的主体，虽然有效期短，但释放迅速，能及时供给作物养分。缓控释肥与普通化肥掺混施用，可起到以速补缓、缓速相济的作用，取得稳、匀、足、适的肥料效果。

（3）与作物专用BB肥相结合　作物专用BB肥是测土配方施肥的最佳物化成果，具有养分含量高（总养分含量多在50%以上）、配方合理、易调整、物理性状好等诸多优点。在此基础上，对农作物专用BB肥进行包膜处理，将BB肥加工成作物专用缓控释型BB肥，可强化BB肥的肥效功能，拓展缓控释肥的应用领域，推动新型肥料的创新突破。

2. 确定施用量

施用包膜缓控释肥可显著降低肥料氮素的挥发与淋失，大幅度提高肥料养分的利用率。缓控释肥的施用量，要根据作物的目标产量、土壤的肥力水平和肥料的养分含量综合考虑确定。

目前，大面积应用的是包膜控释肥与速效肥料的掺混肥，其施用量首先要考虑包膜控释肥的养分种类、含量及其所占的比例。例如：某掺混肥料中仅含30%的硫包衣尿素，其他70%为常规速效复合肥，如果施用硫包衣尿素可减少1/3的施用量，则此肥料的施用量只能减少其中30%硫包衣尿素的1/3氮素用量，仅比常规的掺混肥减少10%左右的用量，而且有效磷和速效钾的配合比例还要相应的提高，因为这种掺混肥中只控释氮素而没有控释磷和钾。如果要达到高产和超高产的目标产量，就要相应提高缓控释肥的施用量。

3. 施用方法

（1）选择适宜的缓控释肥　根据作物生育期的长短，选用不同释放期的缓控释肥。如冬季瓜菜类蔬菜，一般选用4个月释放期的缓控释肥；叶菜类短期蔬菜可选用60~70天释放期的缓控释肥。果树等多年生作物选用4个月释放期的缓控释肥。

（2）选用相应配方的肥料　根据蔬菜和土壤特性，选用氮、磷、钾养分配比和测土配方施肥相结合的缓控释肥。一般蔬菜氮、磷、钾比例可选 2∶1∶1 的配方。缓控释肥分为氮磷钾高中低配方，可按不同作物及产量选择不同类型的缓控释肥。

(3) 缓控释肥施用方法　一般做基肥，部分品种可做追肥，种子保姆肥可作为种肥直接拌种使用。一般针对不同作物生长发育的特点来确定。做基肥时，可撒施、条施和穴施。做移栽蔬菜的基肥，应先挖一个穴，将推荐量的缓控释肥施入穴底，加土或基质与肥料混合，将植株放在穴内用土填埋，然后浇水。并且可做穴盘育苗肥，不仅不会造成烧苗，而且由于一次性施入，省工省时。

作为底肥施用，一般按总施肥量的 70% 施用缓控释肥，以普通速效化肥做追肥，按总施肥量的 30% 施用。尤其是目标产量高、土壤肥力低、供肥不足时需要追肥。做棚室蔬菜的基肥，适用硫酸钾型控释肥，同常规化学肥料相比，应减少 20% 的施用量，以防止氮肥损失，减轻施肥引起的土壤次生盐渍化。同时，可防止氨对蔬菜幼苗的伤害。一般做追肥时，采用条施和穴施，要注意覆土，以防止养分流失；施肥过程中一定要注意种（苗）肥隔离，相距 8~10cm，以防止烧种、烧苗。

第二节　复合肥料

一、复合肥料定义及其分类

复合肥料是指含有氮、磷、钾 3 种植物必需的大量营养元素中 2 种以上肥料的统称，也叫多元肥料。复合肥根据制造工艺可分为化成复合肥、配成复合肥、混成复合肥，根据含有养分元素的数量可分为二元复合肥和三元复合肥。

(一) 化成复合肥

化成复合肥是在一定工艺条件下，利用化学合成或化学提取分离等加工过程而制成的具有固定养分含量和配比的肥料，它们的养分含量和配比决定于生产过程中的化学反应及化合物的分子式化学组成。化成复合肥一般不含有机成分，但有时含有一些杂质或水分，如含氮11%、磷52%的磷酸一铵，含氮18%、含磷46%的磷酸二铵，含氮13%、含钾44%的硝酸钾，含磷58%、含钾37%的偏磷酸钾等，一般简称复合肥。

(二) 配成复合肥

配成复合肥是采用两种或多种单一肥料在化肥生产厂家经过一定的加工工艺重新造粒而成的含有多元素的复合肥，配成复合肥在加工过程中发生部分化学反应，复合肥的养分元素比例按照农艺配方的需求，相对比较稳定、有固定比例，中国从国外进口的复合肥大多数为配成复合肥，如15-15-15肥料，中国目前有很多这样的配成复合肥厂，不同规模的厂家采用的原料不同，如秦皇岛的中阿化工集团是以磷酸、液氨作为氮磷的原料以氯化钾（或硫酸钾）作为钾的原料，生产浓度为15-15-15的高浓度复合肥。大部分复合肥厂家以尿素、硫酸铵、氯化铵作为氮源，有的采用其中一种，有的将3种氮肥搭配使用。钾原料一般都采用氯化钾，生产西瓜、果树等专用肥料采用硫酸钾，北方的厂家都采用普钙、一铵作为磷源，南方则以钙镁磷肥作为磷源。中小型复合肥厂生产的配成复合肥一般都为中浓度（氮磷钾总养分30%~36%）和低浓度（氮磷钾总养分25%）的三元复合肥或氮磷二元复合肥（氮磷总量为20%）。根据农作物的需要配成复合肥的氮磷钾比例不同，常制成不同作物的专用肥如小麦专用肥、玉米专用肥，配成复合肥带有一定的普遍性，与土壤养分含量关系不密切。专用肥可以在很大范围内使用。配成复合肥一般简称复混肥。

(三)混成复合肥

混成复合肥是根据农艺和农民的需要将两种或两种以上的单一肥料(一般均为颗粒型)经过掺混而制成,在混合过程中一般不破坏原来的颗粒也无化学反应发生,无固定的配比结构简称为掺混肥。很多配肥站也是根据农户的需要配成含有3种元素甚至还含有一些微量元素的多元掺混肥。掺混肥的浓度可高可低,完全是根据当地作物的需要配制,简称混成掺混肥。

二、主要化成复合肥的性质和施用

(一)磷酸铵

1. 磷酸铵的主要理化性质

磷酸铵的复合肥可分为磷酸一铵、磷酸二铵。磷酸铵的纯品为白色结晶物质,由于生产过程中含有杂质,工业产品呈灰色,磷酸二铵有时含铁较多呈灰黄色。磷酸铵一般为粉剂,有一定的吸湿性,吸水后结块,但很容易打碎,磷酸一铵含氮10%~14%,含磷(P_2O_5)42%~44%经常作为生产复混肥料的原料。有些厂家加入添加剂后也制成颗粒,颗粒的磷酸一铵水溶性不太好。磷酸二铵在颗粒肥生产过程中加入防湿剂使其吸湿性减弱,成为颗粒状含氮18%,含磷(P_2O_5)46%,易溶于水,水溶液为中性,pH值7.0~7.2,是速效性肥料。磷酸铵在农业中作肥料时要注意它遇热和在碱性条件下容易分解。在北方石灰性土壤容易分解而引起氨的挥发损失。同时,可使部分水溶性磷生成磷酸钙而向枸溶性磷退化。

2. 磷酸铵的施用方法

磷酸铵是高浓度复合肥料,磷酸一铵的氮:磷约为1:5、磷酸二铵的氮:磷约为1:2.5,可以在各种土壤和各种作物上施用,可做基肥、种肥、追肥,缺磷土壤上做种肥条施或穴施效果很好。施用量与作物种类和基础产量有关,肥料中磷多于氮,施用时应重视测土配方技术。由于磷酸铵的肥效时间比较长,一般在小麦—玉米两茬轮作的田块,玉米不再施用磷酸铵。磷酸铵可以和多种肥料掺混施用,但应避免和碱性肥料掺混,在与碱性肥料掺混时可以促进磷酸铵分解而释放出氨造成氮的损失。做底肥时如能施用有机肥,磷酸铵的效果更好。在酸性土壤中施用石灰,施用磷酸铵肥应隔几天。磷酸铵应避免与碳酸氢铵直接接触,一方面造成氨的挥发损失,另一方面又会造成部分有效磷的退化。

(二)硝酸钾

1. 硝酸钾的主要理化性质

纯净的硝酸钾为白色结晶,肥料级的粗制品大都是呈浅黄色,有吸湿性,20℃时吸湿点为相对湿度92%~93%,一般不结块,易溶于水,生理反应和化学反应均为中性,溶解度随温度升高而增大。硝酸钾是强氧化剂,加热分解放出氧,化学反应是可逆的,当温度升高至75℃以上,反应生成亚硝酸钾,还可以分解成氢氮化物。

2. 硝酸钾的施用方法

硝酸钾的氮:钾=1:3.5,主要是起到钾肥的作用,因此,应以含钾量作为计算施用量的依据。硝酸钾中所含的硝酸根离子和钾离子都很容易被作物吸收,其中硝酸根离子能被作物吸收的更快更多。少量的钾离子残留在土壤中被土壤吸附固定或生成碳酸钾等弱酸强碱盐。硝酸钾适合于各种作物,特别适用于马铃薯、甘薯、烟草、甜菜等喜钾作物。由于硝态氮易于淋失,更适合于旱地施用。硝酸钾施入土壤后较易移动,适宜做追肥,尤其是作物中晚期追肥或受霜冻危害作物的追肥。用0.6%~1%的硝酸钾溶液根部追肥或根外追肥都很好,肥效快,不但可提高产量还可以改善果实品质,增加淀粉和糖的含量。硝酸钾还可以用来拌种、浸种,利用0.2%低浓度溶液处理大麦、小麦种子,可加快出苗，提高出苗率，促进根系生长发育。硝酸钾可以单独施用，也可与有机肥、硫酸铵等氮肥混合施用。

3. 注意事项

硝酸钾在高温下与易燃物接触能引起爆炸，因此，在储运时要注意远离火源和易燃物，运输时应少量并尽量减少摩擦和振动，避免发生由于摩擦和振动而引爆的事件。

(三)磷酸二氢钾

1. 磷酸二氢钾的性质

磷酸二氢钾是白色或灰白色粉末，吸湿性弱，物理性能好，易溶于水，水溶液呈酸性，pH值3~4，磷酸二氢钾熔点为253℃，加热到400℃时能脱水生成偏磷酸钾。

2. 磷酸二氢钾的施用方法

磷酸二氢钾适用于任何土壤和作物，尤其适合于磷钾养分同时缺乏的地区和喜磷喜钾的作物，可做底肥、种肥和追肥。由于磷酸二氢钾价格昂贵，目前多用于根外追肥和浸种拌肥。一般每公顷喷施0.1%~0.2%的磷酸二氢钾溶液750~1 125kg，连续喷施两次效果较好。两次间隔期为7~10天，第一次喷施时间应于作物的生理转折期，黄瓜、番茄的根瓜或头穗果期，果树的初花—盛花期。如果对种子拌种可采用0.2%的浓度浸泡18~20h，晾干后再播种，还可以稻田蘸秧。磷酸二氢钾有时单独喷施，特别是在蔬菜上，刚刚发现叶片出现缺磷或缺钾的症状，喷施后很快见效。有时还可以和尿素、硫酸锌等配在一起共同施用，也可以结合小麦防锈病和治虫的部分农药配合在一起施用。

3. 注意事项

磷酸二氢钾在叶面喷施时应喷在叶片的背面，特别是在果树上喷施。一般果树的叶片含有一层蜡质，从正面喷施叶片不能吸收，一方面造成肥料的浪费，另一方面影响作物的生长。

三、主要配成复合肥的性质和施用

配成复合肥也叫复混肥，是将几种单元素肥料或是二元素肥料经过物理加工方法，形成含有多种元素的肥料。这种肥料在加工过程中不以发生化学反应为主，而是简单的通过胶结剂的胶结，使不同种类的单质肥料结合在一起。复混肥料中的主要元素是氮、磷、钾，它们是作物所需要的大量元素，通常以氮磷钾的质量百分含量表示，如15-15-15便是氮磷钾分别为15%的三元复混肥，由于钙镁硫与磷肥有不可分割的关系，一般复混肥中都含有钙镁硫；锰锌硼钼铜氯等是作物必须的微量元素也是复混肥的次要元素，但是，这些成分含量不能计算在复合肥料的养分含量内，也不能列入复合肥标签说明书中。若要标明中量或微量元素含量，则应特殊加入，一般以实物量的重量比来表示，例如西瓜专用肥标明：硼的含量为3%，是指硼砂的实物量占专用肥总重的重量百分比。

四、主要混成复合肥的性质和施用

混成复合肥也叫掺混肥，它是将已经加工成的颗粒肥料（单质肥料、化成复合肥、配成复合肥），根据农作物的需要和当地土壤情况的需要掺混在一起施用。掺混肥的随机性比较大，灵活性好，更能满足作物的需要。如将尿素、磷酸二铵、颗粒钾肥掺混起来，或是氮：磷：钾为15：15：15的混成复合肥与尿素掺在一起施用。掺混肥更适合于在不同地块不同作物上推广应用，经常是由农科部门、供销部门或化肥厂的农化服务中心去完成的。

掺混肥料对基质肥料要求比较高，如果某种原料的水分含量超标就会造成潮解甚至发生化学反应，上面提到的颗粒磷肥或磷钾球的含水量应小于1%，如果有条件最好在颗粒表面扑上一层粉阻止尿素与磷肥的直接接触。掺混肥料要求随掺随用，掺后不能积压、掺混的不同物料的颗粒要尽量一致，一般要求掺混肥料的各种基质化肥颗粒大小为 2~4mm，在运输和施用过程中不会因颗粒大小不一而分层，造成施肥不匀。

五、复合肥料的合理施用及需要注意的问题

复合肥料的种类很多包括化成复合肥、配成复合肥、混成复合肥 3 种，不同形式的复合肥各有特点，施用过程中的投资、效益、施用方法也不同，只有合理施用才能发挥复合肥的作用。

（一）根据种植制度选择复合肥

不同种植制度对氮、磷、钾三元素以及其后效作用要求不同，如小麦、玉米两茬作物，玉米采用免耕铁茬播种，施肥不方便，要求前茬作物小麦为后茬留一部分养分，特别是磷的养分。连茬种植蔬菜，一季番茄后面接一季菠菜，菠菜一般不单独施肥，要求番茄茬土壤中存留的氮磷钾养分都比较充足，选择番茄用的复合肥最好选择氮磷钾的比例为 1：1：1。

（二）根据作物特性选择不同类型、不同品种的复合肥

作物不同，对氮、磷、钾数量和比例要求不同，要针对作物所需的比例和养分特征选择复合肥，烟草种植既需要氮，又需要钾比较多。因此，应选用硝酸钾作为钾肥，避免施用含氯化肥。

（三）在施用复合肥时要注意养分的补充

3 种复合肥无论哪种形式，氮、磷、钾三元素的比都是相对固定的，因而不能完全满足作物对养分的需要，小麦用磷酸二铵做底肥，尽管磷酸二铵中含氮又含磷，但氮的含量低。因此，必须配合施用尿素，才能满足小麦的养分需求。

（四）要注意各种复合肥与单质肥之间的酸、碱搭配

任何一种肥料都有酸、碱问题，分别属于酸性、碱性、中性，在施用不同的复合肥时要注意肥料之间的酸、碱搭配，肥料

与作物之间的酸、碱搭配。

(五)从合理施肥角度出发与农化服务结合施用复合肥料

复合肥料的生产是基于养分之间的平衡,将农艺配方与工艺配方结合起来。复合肥也不是施的越多越好,更应该达到均衡施肥的效果,应与土壤测试、植株诊断结合起来确定施肥品种、施肥量,将农化服务与复合肥的施用结合起来。

第六章　主要大田作物与施肥

第一节　小　麦

小麦是我国的主要粮食作物之一，尤其在北方地区是人们食用最广的细粮作物。小麦籽粒中含有人类所必需的营养物质，籽粒中碳水化合物含量占60%~80%，蛋白质8%~15%，脂肪1.5%~2.0%，矿物质1.5%~2.0%以及各种维生素等，尤其是在蛋白质中含有人类生活必需的全部的氨基酸。所以，我国对小麦的种植十分重视。

一、小麦的营养特性与施肥

小麦一生经历出苗、分蘖、返青、拔节、孕穗、抽穗、开花、灌浆、成熟等多个生育时期，不同生育时期对养分的需求有明显的差异，因而化肥施用的方式、方法、数量、比例等，都会直接影响到小麦施用化肥的效果。

冬小麦营养期比春小麦长，需肥相对较多，在化肥的分配与施用上，应适当多分配些，增加追肥的次数和比例，保证冬小麦较长时期的养分需求。春小麦营养时期较短，没有越冬期和返青期，在肥料有限时，可适当少安排些，并要早施，集中施用，增加前期施肥比重。

小麦营养的临界期在苗期，即在三叶期至分蘖期。其中，氮素的营养临界期在分蘖期，磷素的营养临界期在分蘖始期，钾素的营养临界期一般认为在分蘖初期和幼穗分化期。春小麦的营养临界期略早于冬小麦，因为春小麦在进入三叶期前后已开始穗分化，对养分更敏感。因此，春小麦苗期具有时间短、幼穗分化早、分蘖少、成穗率低等生育特点，在施肥上，应早施、重施苗肥，促壮苗早发，一般在二三叶期追施速效氮肥或腐熟良好的有机肥，追肥量占总追肥量的70%~80%，方法采取条施深施为好。

冬小麦从冬前分蘖到冬后分蘖，是以根、叶、蘖为生长中心时期，对营养的吸收量虽少，但很敏感。保持一定的营养水平，对营养生长和以后的生殖生长意义重大。因此，在冬小麦2个分蘖期内均应追肥。强调指出的是，春季追肥尤为重要，应追施速效氮肥并配合少量磷钾肥，这样做对增加小麦的有效分蘖数，促进穗分化，提高化肥使用效益作用明显。

小麦营养的最大效率期，冬小麦在起身至拔节期，春小麦在三叶期前后。冬小麦在分蘖高峰后必须施起身、拔节肥，以促进大蘖成穗，提高成穗率，并能促进顶三叶的生长和基部2~4节的伸长，是施肥的最大效率期，所以应重施拔节长穗肥。春小麦则要早施重施分蘖肥，它对促进叶、蘖、穗的生长均有很大作用。

追肥一般以速效氮肥为主，追肥量占总追量的60%~70%。因此，提高小麦使用化肥的效果，必须紧紧抓住小麦营养的两个关键时期，才能发挥肥料的最大作用。

二、小麦的需肥特性与施肥

小麦的需肥规律是指在小麦一生中，随各生育时期的阶段性变化而表现出的对养分吸收的相对数量及动态变化趋势，是指导小麦施肥、提高化肥使用效益的理论依据之一。

一般，每生产100kg籽粒，约需3kg氮素、1kg磷和3kg钾，氮、磷、钾的比例约为3：1：3。这一规律可作为计算一定产量水平下小麦经济施肥量的理论依据。

小麦需肥的一般规律：冬小麦在返青前由于植株生长量小，吸收氮磷钾的数量相对较少，返青后，迅速生长，对养分的吸收量急剧增加，其中磷钾的吸收比氮更突出，约50%的磷、钾和30%左右的氮素在这一阶段吸收。开花以后逐渐减少。春小麦在分蘖期以前吸收的养分较少，拔节至孕穗期为氮肥和钾肥的第一个吸收高峰，孕穗到开花吸收量明显减少，开花到乳熟期的吸收量又显著增加，达到第二个氮钾吸收高峰。磷的吸收量拔节前较少，拔节后逐渐增多，直到乳熟期仍维持较高水平。

根据小麦的需肥规律，在小麦生育前期，冬小麦在返青前，春小麦在分蘖前，应适量追施速效氮、磷化肥，对促进根、茎、蘖的生长，增强抗性具有积极意义。冬小麦生长进入返青至拔节期，是追肥的关键时期，应重施返青拔节肥。对地力较差和晚播弱苗，早追返青肥极为重要，应以速效氮肥为主，并配合磷肥和钾肥，追施量占总追肥量的50%~60%。在拔节至开花阶段也是施肥的关键时期，此时生长中心和营养中心转向茎和穗，特别是高产麦田，更要重施拔节，必须加强氮素营养，才能有利于小花分化，增加结实率，促进穗大粒多。

春小麦应重施分蘖肥，在未施分蘖肥时，要重施拔节肥。在开花前，还应施用一定数量的孕穗肥，以满足春小麦第二需肥高峰的需要。追肥应以氮为主，氮磷配合。小麦生育后期，对养分吸收显著减少，为了防止早衰，并有效地增加粒重，可进行根外喷施磷钾肥料，不宜施用较多氮肥，也不宜施用时期过晚，以防贪青晚熟，降低产量与效益。

三、冬小麦主要施肥技术

施肥是调整小麦生长发育的一种手段，主要是弥补土壤对小麦需求养分的供应不足。施肥要讲究科学，不仅能够定量，还要能够合理施用，这样才能发挥肥料应有的增产作用。具体的施肥方案，要根据小麦的品种特性、营养特性、需肥特性、当地的土壤肥力特征、气候条件、肥料性质等因素进行科学定制。

1. 基肥的施用

基肥具有后效长、肥劲足、养分全的特点，施足基肥，对于促进幼苗早发，冬前培育壮苗，增加有效分蘖率和壮秆大穗具有重要作用。小麦施肥应以基肥为主、追肥为辅，基肥的用量一般占总施肥量的60%~80%。基肥应以有机肥为主，有机肥料含有多种养分，可供应小麦所需的各种营养，同时有机肥料还富含有机质，不仅有助于提高化学肥料的肥效，还能够改良土壤，保证连年丰产。一般，提倡每亩投入充分腐熟的有机肥料1 000~1 500kg。

有机肥料由于养分含量低、肥效慢，施用时还必须配合一定量的无机肥料即化学肥料。化学肥料养分含量高、肥效迅速，可以直接被小麦吸收利用，能够及时满足小麦生长发育前期对养分的需要。根据小麦的营养特性和需肥规律，按照亩产小麦500kg来说，建议底肥用量为每亩尿素10~12.5kg、二铵15~17.5kg、氯化钾7.5~10kg，具体施肥用量应因地制宜。

微量元素应采用因缺补缺、矫正施用的养分管理策略。目前，在小麦上使用最多的是锌肥，施用锌肥可以使小麦体内生长素合成多，加快分蘖和次生根的生长，从而促进小麦的生长发育，提高产量。小麦锌肥宜早施，建议每亩施用硫酸锌1~2kg，不能过多，防止产生毒害。

重点注意，由于目前秸秆还田技术已普遍推广应用，此项技术可以增加土壤中的有机质含量,培肥地力,改善土壤结构,可以适当减少有机肥料投入。但是秸秆还田后,土壤微生物在分解作物秸秆时,需要从土壤中吸收大量的氮,才能完成腐化分解过程。如不增施化学氮肥,小麦在幼苗期会出现不同程度的缺氮现象,从而影响正常生长,所以,一般秸秆还田的地块每亩应增施碳酸氢铵25kg或尿素5kg。同时,有条件的农户,建议增加微生物肥料的投入,能够有效地促进秸秆腐化分解,提高土壤活性,维持土壤肥力。

基肥的使用方法一般是结合深耕整地,均匀撒施翻埋入土,不要暴露于耕地表面,避免养分流失。

2. 追肥的施用

小麦追肥要适期适量,一般要根据地力、苗情等情况而定,主要分为冬季追肥和春季追肥。

(1)冬季追肥 麦苗生长健壮的,一般在冬前不施速效氮肥,以防徒长。但是在越冬开始前后,结合浇冬水,可以追施速效氮肥(一般为尿素7.5~10kg)。此时追肥,除少量供应冬季缓慢生长需要养分外,基本上是冬肥春用,能促使小麦多扎根,早返青,巩固冬前分蘖,提高冬前分蘖成穗率。

(2)春季追肥 春季追肥主要包括返青、起身、拔节和孕穗肥。

返青肥的作用是为了增加有效分蘖,提高成穗率,增加穗数。但是在一般的高产田,如果底肥足和冬季已经追过肥的地块,为了控制群体,返青期可不追肥,而以中耕保墒为主。对于底肥不足、地力基础差的地块,可以结合浇水施尿素7.5~10kg或氮钾配方肥25~30kg。

起身、拔节肥是在冬小麦分蘖高峰以后施用,能促进大蘖成穗,提高成穗率;促进小穗小花分化,争取穗大粒多;同时也促进顶三叶的生长和基部2~4节间的伸长。这一次追肥很重要,是冬小麦施肥的最大效应期。冬季一般麦田已施过冬肥的，应在起身期追施，施过返青肥的应在拔节期追肥。

孕穗肥是在旗叶开始出现时早施，对于防止小穗、小花退化，促进生殖细胞的良好发育，提高结实率和增加穗粒数，延长绿叶的功能时期，提高光合作用，增加有机物质积累，为小麦灌浆创造良好条件等方面均有显著的作用，但用量不宜过多，以免造成贪青晚熟。一般建议采用叶面追肥的方式，在孕穗至灌浆期叶面喷施磷酸二氢钾 2~3 次，壮粒、预防干热风。后期有脱肥现象的地块，可在喷施磷酸二氢钾时加上 1%~1.5% 的尿素溶液。

四、小麦营养失调症状

1. 缺氮

植株生长缓慢，矮小直立分蘖少或无，穗小粒少。叶片短、窄，下部老叶首先发黄，并逐渐向上扩展，严重时下部叶片枯黄早落。

2. 缺磷

植株生长受到抑制，较健康植株明显矮小，分蘖减少，叶色深绿略带紫，叶鞘上紫色特别明显，症状从叶尖向基部，从老叶向幼叶发展，抗寒力减弱。成熟延迟，籽粒不饱满。

3. 缺钾

植株呈蓝绿色，叶软弱下披，机械组织发育不良，下部叶片的叶尖及边缘枯黄，老叶焦枯，茎秆细弱、早衰、易倒伏。

4. 缺钙

生长点及茎尖端死亡，植株矮小或簇生状，幼叶往往不能展开，长出的叶片长出现缺绿现象。根系短，分枝多。

5. 缺镁

下部叶片常表现出失绿症状，叶片脉间出现黄色条纹，残留的小绿斑相连成念珠状。心叶挺直,下部叶片下垂,老叶与新叶之间夹角大。

6. 缺硫

植株颜色淡绿,叶片黄化,与缺氮症状相似,但通常先出现在幼叶上。

7. 缺硼

叶片发白,卷曲,缩成波状。抽穗后因雄蕊发育障碍,花药空瘪,花粉败育,不能完成正常授粉而不实。

8. 缺铁

新叶黄白,叶脉间组织黄化,呈明显的条纹花叶,严重时心叶不出。

9. 缺锰

叶片细长,早期叶片出现灰白色不规则的斑点,新叶脉间褪绿黄化,出现长短不一的线状褐斑,称为"褐线萎黄症"。

10. 缺铜

新叶黄白化,变成针状,卷曲。前期症状不明显,出穗后因花粉败育而不实,即"穗而不实症"。

11. 缺锌

麦苗长期矮缩不长,拔节期不拔节,植株矮小。叶片主脉两侧失绿,一般先从老叶开始,并逐渐向上扩展。严重缺锌时,小麦不能抽穗,穗小粒少,产量低。

第二节 玉 米

玉米是我国重要的粮食作物,它含有丰富的营养成分,而这些营养成分比其他一般谷类作物要高出许多,其中,蛋白质含量高于大米,脂肪含量高于面粉、大米和小米,热量高于面粉和大米。玉米还是高产优质的饲料,它的籽粒是上等的精饲料,茎叶可以作为青贮饲料。同时，玉米在工业和医药方面也有很重要的作用，玉米植株各部分直接或间接制成的工业产品约达300种，玉米淀粉是制造抗生素的重要原料。因此，发展种植玉米，提高玉米生产水平，对于社会发展有着十分重要的意义。

一、玉米的营养特性与施肥

一般春玉米的营养期比夏玉米长，需要的营养物质较多，在施肥上应加大肥料的用量，重施基肥，增加追肥的次数和比例，以保证各营养阶段需肥的连续性。夏玉米的营养期较短，需肥量相对较少，在施肥时应早追肥，且集中施用，以便提高玉米前期吸肥强度，促早发，这些措施对提高产量、增加效益十分重要。

玉米营养的临界期和最大效率期是施肥的关键时期。临界期一般出现在幼苗期和幼穗分化至形成期，其中玉米氮素的营养临界期在幼穗分化期。此期施肥能促进雌雄穗分化形成，增加穗粒数，所以，应及时追施速效氮肥。不同品种玉米的穗分化期可根据叶龄指数来判断。

玉米磷素的营养临界期是在三叶期，如缺磷，会严重影响根系发育，抑制蛋白质的合成，不利于发棵。在施肥上，应把磷肥做基肥或种肥施用，效果会更明显。夏玉米因抢种不能施基肥，可在前作地上多施些磷肥，目的是利用前作磷肥的后效。

玉米钾素的营养临界期一般认为在幼苗期，此期缺钾，则生长缓慢甚至停滞；如土壤缺钾，必须重视增施钾肥。

玉米营养的最大效率期，即玉米营养生长与生殖生长最旺盛时期，玉米氮素的最大效率期在大喇叭口至抽雄初期，此时施肥增产作用最大，应重施肥，以氮为主配合磷肥。夏玉米的吸肥高峰比春玉米来得早并且集中，一般在出苗后30天进入大喇叭口期，吸肥进入盛期，肥料应集中施于拔节期。春玉米对肥料的吸收比较平稳，除要追拔节肥外，还要重视穗肥与粒肥的施用。这样的施肥，对玉米增加产量、提高肥效均具有重要意义。

二、玉米的需肥规律与施肥

玉米需肥规律是指玉米在其生长发育过程中，从外部环境中吸收的各种营养物质的相对数量及动态变化趋势。对氮、磷、钾三要素来说，以氮最多，钾次之，磷最少。一般每生产100kg籽粒需吸收氮3.43kg，磷1.23kg，钾3.26kg，氮、磷、钾的比例为3∶1∶2.8。

需要指出的是，不同生育时期吸收养分的数量和速度也不同。一般而言，玉米在苗期生长缓慢，吸收的养分少；拔节至开花期生长增快，吸收养分的速度快、数量多；后期吸收速度有逐渐变缓，吸收量也逐步减少。

夏玉米对氮、磷、钾的吸收量以拔节孕穗期为最多，春玉米在抽穗开花期达到高峰；而且夏玉米的吸氮高峰比春玉米来得早并且集中。玉米对磷的吸收一生变化比较平稳，累进吸收量逐渐上升。钾在春夏玉米各生育时期的吸收量，以幼苗期占干物质比重最大，且随植株的生长而迅速下降，累进吸收量至抽穗开花时达到高峰。

根据上述需肥规律，玉米生长前即苗期对肥料反应敏感，需肥量少，轻度追肥即可满足要求，且主要应以氮肥为主。对夏播或麦田套种玉米，如果未施基肥，则应以氮磷钾和有机肥做种肥。进入拔节孕穗期，营养生长与生殖生长显著加快，夏玉米或麦田套种玉米，应早施、重施拔节肥，一般以60%~70%的肥料施在拔节前后，以30%~40%的肥料施在攻穗上，后期可根据情况酌情施用粒肥。春玉米应以30%~40%的肥料施在攻秆上，而以60%~70%的肥料施在攻穗上。

此外，春玉米的生育后期还应增施以氮为主、氮磷配合的粒肥，施用量约占总追肥量的10%。

三、玉米主要施肥技术

1. 基肥的施用

玉米施肥应以基肥为主,追肥为辅。基肥具有后效长、肥劲足、养分完全的特点。基肥应以有机肥为主,一般提倡每亩投入充分腐熟的有机肥料 2 000～3 000kg,这样有助于提高化肥的肥效。化肥做基肥时,一般亩产 500～600kg 玉米应施氮素 5～6kg,磷素 4～5kg,钾素 4～5kg。基肥的使用应在玉米播前撒施后耕翻或采取沟施、穴施的方法。

玉米是对锌敏感的作物,玉米施锌能取得显著的增产效果。一般情况下,每亩施硫酸锌 1～2kg 做基肥,能增产 10%左右。

2. 追肥的施用

春玉米应掌握"前轻、中重、后补"的追肥方式。前轻,指玉米拔节前后施肥,一般在播后 45 天左右,追肥可促进穗位和穗位上叶片增大,增加茎粗,促进穗分化,应占氮素追肥总量的 30%～40%。中重,是指大喇叭口期重追,此期追肥能提高结实率,起到保花、保粒的作用,是争取穗大、粒多的重要时期,应占氮肥总追肥量的 40%～50%。后补,是指开花授粉期追肥,为了防止脱肥,充实籽粒,减少秃尖,应占总追肥量的 10%～20%。

夏玉米在定苗后施苗肥,用量约占氮素追肥总量的 30%。大喇叭口期施肥,对于夏玉米同样关键,应占总追肥量的 60%。夏玉米最后一次追肥为攻粒肥,在开花授粉前后施用,约占追肥总量的 10%。具体的施肥技术要根据当地的具体条件灵活掌握。

3. 控释肥的施用

控释肥是指通过各种机制措施预先设定肥料在作物生长季节的释放模式,使其养分释放规律与作物养分吸收规律基本一致,从而达到提高肥效目的的一种肥料。控释肥一次性施肥,省工、省时、提质增效，通过包膜技术，有效减少养分流失，降低土壤和环境污染。

目前，控释肥生产技术比较成熟，应用最广的就是在玉米上。作为一种新型肥料，市面上控释肥的品种在逐渐增多，广大农民在选择的时候一定要注意以下两点：一是要根据当地实际情况，选择适合的肥料配方，最好结合当地测土配方施肥技术；二是要选择正规厂家的产品，避免上当受骗。

施用方法很简单，主要采用种肥同播，一次性底施，这种方法需要注意种子和肥料的间隔应该在 5~10cm，施肥深度在 10cm 左右。施肥量应为往年施肥量的 80% 左右，具体施肥量要根据地块的实际情况而定。

四、玉米营养失调症状

1. 缺氮

生长缓慢，植株矮小，茎细弱，叶片由下而上失绿黄化，症状从叶尖沿中脉向基部发展，先黄后枯，呈"V"字形。

2. 缺磷

从幼苗开始，在叶尖部分沿叶缘向叶鞘发展，呈深绿带紫红色，逐渐扩大到整个叶片，症状从下部叶片转向上部叶片，甚至全株紫红色，严重时叶片从叶尖开始枯萎呈褐色，抽丝延迟，雌穗发育不完全，弯曲畸形，果穗结粒差。

3. 缺钾

出苗几周后会出现症状，下部叶片叶尖和叶缘黄化，老叶逐渐失绿枯萎，节间缩短，软弱易倒伏。生育延迟，果穗变小，穗顶变细不着粒或籽粒不饱满，淀粉含量降低，穗易感病。

4. 缺钙

植株矮小，叶缘有时呈白色锯齿状不规则横向开裂，顶叶卷呈"弓"状，新叶尖端粘连，不能正常伸展，老叶尖端也出现棕色焦枯。

5. 缺镁

下部叶片脉间出现淡黄色条纹，后变为白色条纹，严重时脉间组织干枯死亡，呈紫红色花斑叶，而新叶变淡。

6. 缺硫

整个植株呈黄绿色，新叶比老叶黄，色泽均匀。

7. 缺硼

幼叶展开困难而且发白，逐渐枯萎死亡，叶脉间呈现较宽的白色条纹，茎基部变粗、变脆。严重时雄穗生长缓慢或很难抽出；穗轴短小，不能正常授粉；果穗畸形，籽粒行列不齐，着粒稀疏，籽粒基部常有带状褐疤。

8. 缺铁

幼叶脉间失绿呈条纹状，中下部叶片为黄色条纹，老叶绿色。严重时整个新叶失绿发白，失绿部分色泽均一，一般不出现坏死斑点。

9. 缺锰

叶片柔软下披，新叶脉间出现与叶脉平行的黄绿色条纹，根纤细，长而白。

10. 缺锌

苗期新叶中下部黄白化形成白苗，称为"白苗病"。上、中部叶片脉间出现黄色条纹，并逐渐呈透明状坏死，有时沿条纹开裂。叶缘也可能出现焦枯。中后期继续缺锌，老叶脉间失绿，在叶缘和主脉间形成较宽的黄色带状区，严重时，变褐坏死。生长受阻，节间缩短。果穗发育不正常，畸形，缺粒秃尖严重。

11. 缺铜

叶片失绿变灰，卷曲反转。

第三节 豆 类

豆类作物主要包括大豆、小豆、绿豆、蚕豆、豌豆等，其种子含有大量蛋白质、淀粉和脂肪，是营养丰富的食料。豆类作物的根部有根瘤菌共生，与其他作物轮作，能够提高土壤肥力，保持土壤活性。

一、豆类的营养特性和施肥

豆类作物需矿质营养数量多、种类全，在其产品形成中各种营养元素都是不可缺少的。由于豆类作物具有根瘤菌固氮作用这一特殊营养特性，因而对氮的需求不同于其他作物。生长前期，当子叶所含氮素耗尽而根瘤菌的固氮作用尚未充分发挥的一段时间里，会出现幼苗缺氮；后期，在根瘤菌活动能力衰落时，也会出现缺氮现象。这两个时期均需补充氮素。同时，豆类作物一般生殖生长开始比较早，营养生长与生殖生长并进时间长，因此，施肥时应协调好二者之间的矛盾，把握好关键时期。

豆类作物营养期的长短主要受自然条件、栽培制度、品种等因素的影响，一般春播、晚熟品种生育时期较长，营养期也长，所需肥料较多；夏播、早熟品种生育时期较短，营养期也短，所需肥料较少。

豆类作物氮磷钾的营养临界期多在苗期，此期缺乏这些肥料，会使豆类作物营养器官的生长受到严重抑制。在豆类作物第一片真叶展开前应及时满足氮磷钾的营养需求，在基肥不足时，苗期追施适量速效氮磷肥料，效果会十分明显。

豆类作物营养的最大效率期一般在盛花至结荚期，此时，营养生长与生殖生长旺盛，对养分的吸收量达到高峰。花期是追肥的关键时期，除追施适量氮肥外，还应配合一定数量的磷肥，效果更佳。

豆类作物对微量元素钼具有较强的要求，钼参与固氮作用，并能提高氮磷钾的肥效，缺钼可使根瘤菌失去固氮能力，因此必须增施钼肥。

二、豆类的需肥规律与施肥

豆类作物一生可分为苗期、分枝期、开花结荚期和鼓粒成熟期等几个生育时期，一般需肥规律：苗期对土壤养分的吸收开始早，幼苗出土后几天，即迅速从土壤中吸收养分。此期需肥量虽少，但很敏感，如果缺肥将严重影响后期生长发育。植株生长进入分枝期，对养分的吸收量迅速增加，至盛花期，氮的吸收达到高峰。在开花结荚期，磷钾的吸收达到高峰，并且持续时间较长，一般可达30~40天。鼓粒成熟期以后，对养分的吸收逐渐减少。

根据豆类作物的需肥规律，豆类作物在施肥中应掌握施足底肥，早施追肥的原则，尽可能满足前期和中期生长的养分要求，保证充分的氮磷钾营养水平，发挥肥料的最大增产作用。如前中期养分供应充足，即使后期不施肥，也能获得高产。苗期追肥应以氮肥为主，配合适量磷钾肥，以追施氮磷钾三元复合肥效果最好，既节省肥料，又提高肥效。追肥量可根据苗情、地理等条件而定，一般占总追肥量的30%~40%。在开花结荚期，应适当早施重施，追肥量占总追肥量的60%~70%，如土壤肥力差，长势弱，可适当提前到开花期追肥。生长后期可酌情施肥，如果植株表现出早衰，则应及时补充施肥，可采取叶面喷施速效氮磷钾化肥。如中后期生长较旺盛，就应控制施肥。

三、豆类作物主要施肥技术

1. 基肥的施用

增施有机肥料做基肥，既是豆类作物高产、稳产的重要条件，又是提高化肥使用效益的必要措施。基肥中加入氮、磷、钾等化肥，可以减少化肥中有效成分的流失与固定，提高化肥利用率。如有机肥在分解过程中可以产生有机酸，可以增加磷肥的溶解，使难溶性磷转化成有效磷，同时磷肥被有机质包围，减少了被土壤固定的机会。化肥的施用应根据各地条件，适量施用，推荐应用测土配方施肥技术。

2. 追肥的施用

豆类作物追肥的效果与选择适当的追肥时期、地力状况及长势关系极大。一般在开花初期追肥有良好效果，特别是土壤肥力低、幼苗长势弱，更应及时追肥。追肥品种应以氮、磷肥为主，一般亩追纯氮 2~2.5kg，五氧化二磷 2.5~5kg，注意追肥量不宜过大，否则会导致植株体内碳氮比下降，根系碳水化合物供应不足，降低根瘤菌的活性，如遇低温年份还会加剧冷害。在豆荚形成后，可进行叶面喷肥，如亩喷施磷酸二氢钾 300 倍液加适量氮肥，增产效果可达 10% 左右。

3. 氮肥的施用

氮肥的施用应掌握既保证补给豆类作物氮素营养，又能促进根瘤菌生长发育的原则。豆类作物在生育期间吸收的氮量有 50%~70% 是由土壤供给的，30%~50% 由根瘤菌供给。在根瘤菌未大量形成前和根瘤菌衰老后，均要由土壤供给，因而需要通过追肥解决。一般土壤肥力低、早熟品种，在播种时可少量施用氮肥。如大豆，当土壤水解氮低于 30mg/kg 时，施氮肥效果显著；在 30~50mg/kg 时，施氮肥还有效；但当高于 50mg/kg 时，效果就不显著了。

4. 磷肥的施用

豆类作物对磷肥需求比氮更迫切。整个生育时期，植株体内磷的营养水平均较高。它既能促进营养生长，又能促进生殖生长，同时还能影响根瘤菌数目的多少，应保证充足的磷素供应。特别是在苗期到盛花期尤为重要。如大豆，当土壤有效磷在 20~30mg/kg 时，施磷肥增产最显著。

5. 钾肥的施用

豆类作物对钾肥的需求主要受到土壤肥沃程度、速效钾含量水平，有机肥多少等的影响。一般在土质肥沃，有机肥施用较多的土壤上施用钾肥，往往表现不出增产效果，只有当土壤速效钾含量低于 50mg/kg 时，增施钾肥才有效。

6. 钼肥的施用

钼对豆类作物有多方面的营养作用，能促进根瘤菌的形成与生长，促进氮、磷代谢，增加吸收强度，提高发芽率等。钼肥的施用量极少，但增产效果较高，一般可增产 5%~20%。

第四节 薯类作物

薯类作物又称根茎类作物，主要包括甘薯、马铃薯、木薯、山药、芋、豆薯等，是非谷类作物中重要的粮食作物。

一、薯类作物的营养特性与施肥

薯类作物是需肥量较多的作物，尤其对钾的需求远多于禾谷类作物，是喜钾作物。在生长初期对养分的需求虽少，但却十分敏感，缺钾会严重影响茎叶及根系发育，从而影响块根、块茎的形成。块根、块茎膨大期，是地上、地下生长最旺盛的时期，需肥最多，是营养的最大效率期，约有 50% 的养分在此期被吸收，是施肥的关键时期。

提高薯类作物使用化肥的效益，首先应在施用有机肥、氮肥、磷肥的基础上，增施钾肥，提高钾肥的用量及比例。以使用硫酸钾做基肥或追肥效果较好，应避免使用含氯钾肥。特别是在土壤速效钾含量低，有机肥用量少时，必须增施钾肥。一方面满足作物大量需求，另一方面提高氮磷的肥效具有显著作用。其次，在块根、块茎形成初期，是薯类作物由单纯营养生长转向营养生长和生殖生长并进时期，对养分的要求急剧增多，易出现脱肥，应及时追施速效化肥，对块根块茎的形成数量有很大作用。再次，在块根、块茎膨大期，营养中心转向块根块茎的体积与重量方面，对氮磷钾的吸收比其他任何时期都多，应增施磷钾肥，配合少量氮肥。结合根外喷肥，也具有显著的增产增收作用。

二、薯类作物的需肥规律与施肥

薯类作物在整个生长发育过程中，因生长发育阶段的不同，各生育时期所需营养物质的种类和数量也不同。一生中对氮磷钾三要素的要求，以钾最多、氮次之、磷最少。每生产 1 000kg 块根或块茎，需吸收氮 4~6kg，磷 2~3kg，钾 10.5kg，氮、磷、钾三要素的比例为 2.5:1:4.5。这一规律可作为计算一定产量水平下经济施肥量的理论依据。

薯类作物需肥的动态变化规律：在生长前期，由于植株生长量小，对养分的需求较少，在生长前 30~40 天吸收的营养物质约占全生育期的 25%，以后随植株生长量的增加，对养分的需求逐渐增多，至块根、块茎膨大期，对营养物质的吸收达到高峰，吸收量占全生育期的 50% 以上，生长后期对养分的吸收逐渐减少。

根据上述需肥规律，薯类作物施肥应重点分配在前中期，后期酌情施用。在施足基肥的基础上，苗期追肥应以速效氮肥为主，并注意配合钾肥和磷肥，同时要早追施，一方面可培育壮秧壮苗，另一方面肥料的增产作用也较大，并为中后期生长及产量形成打好基础。在生长中期，植株对养分的需求量明显加大，必须及时补充氮磷钾养分，满足植株生长发育对养分的最大需求，此时肥料的增产作用最大，经济效益最高，是薯类作物最重要的施肥时期。一般应在块根或块茎开始膨大前追施，追肥量占总追肥量的60%~70%。生长后期，植株的营养由氮素代谢为主转向碳素代谢为主，这一时期施肥应根据植株生长情况而定，既要防止脱肥早衰，又要防止贪青徒长，可酌情追施少量氮磷肥料，也可以进行根外喷肥，这些措施均具有一定的增产效果。

三、薯类作物主要施肥技术

1. 基肥的施用

施足基肥，增施大量有机肥，配合施用氮、磷、钾化肥是薯类作物获得高产、高效的一项极其重要的措施。基肥的种类以圈肥、土杂肥、草木灰、塘泥等为主，同时加入过磷酸钙、速效氮肥和钾肥。

我国各地的高产栽培经验：施用大量腐熟的秸秆或杂草沤积的土杂肥做基肥较为理想。基肥的用量可根据肥料的多少而定，在肥源充足的情况下，可结合耕翻整地全面施肥，采用深层施肥与分层施肥相结合。粗肥深施与细肥浅施相结合，缓效肥与速效肥相结合的方法。各地应结合测土配方施肥技术，确定化肥用量，施于根系分布层25~35cm深为佳，这时肥料的利用率最高，并要施于粗肥上层，有利于根系吸收，减少损失。

在肥料较少的情况下，应采取集中施肥的方法或做种肥施用，将有机肥与化肥混合进行沟施或穴施，这样有利于培育壮苗和提高肥效，是一种经济有效的施肥方法。

2. 追肥的施用

应根据土壤肥力、基肥用量及生长情况，实施早施，增产效果较好；追肥越晚，则效果越差。追肥应氮、磷、钾配合，氮肥不宜过多。早熟品种在苗期追肥，中晚品种重点在开花以前施用。化肥的用量应根据肥料种类、土壤肥力、产量水平、肥料利用率等综合确定。一般，磷、钾化肥的追施量占总量的20%~30%，氮素化肥的追施量占总量的40%~50%。

化肥的用量并不是越多越好，过量施用化肥反而会造成减产。各地应因地制宜，确定合理的施肥标准，达到既不浪费肥料又能充分发挥肥效的目的。

第五节 花 生

花生是重要的油料作物，其含油量为50%左右。花生营养丰富，有30%左右的蛋白质，其可消化率很高，并含有人体所必需的全部氨基酸。同时，花生适应性广，有较强的耐旱、耐瘠能力，便于广大农民种植。

一、花生的营养特性与施肥

花生氮素的营养特点是需氮量大，同时由于有根瘤菌共生，根瘤菌的固氮潜能大，花生根瘤菌的供氮量约能满足花生需氮总量的80%。但在花生苗期及后期，以及在根瘤菌生长或固氮能力受抑制的情况下，仍需吸收土壤中的氮，这意味着仍需依据实际情况增施化肥和有机肥。

花生磷素的营养特点是吸收量较少，低于其他作物，但对生育和产量的作用相当大，并能有效地增强根瘤菌的固氮能力，显著促进生殖生长。

钾素的营养特点是吸收量较多，在植株体内移动性较强，与钙、镁存在明显的拮抗关系。钾多则减少钙的含量，易引起缺钙症。钙对花生荚果及子仁的发育有重要作用，缺钙会严重影响种子的形成。同时花生对镁、硫、铁等微量元素的需求量也较多。

花生营养时期的长短主要受品种的影响,早熟品种营养时期较短,晚熟品种营养时期较长,二者相差30天左右。在施肥上,早熟品种应重施基肥,早施追肥,加大前期供肥强度,使肥效尽早发挥,有利于夺取高产。而晚熟品种则应适当增加追肥的用量和次数,以满足花生长期生长对养分的不断需求,提高化肥利用率,减少肥料损失。

花生的营养临界期,氮素出现在苗期,此时种子中的氮素已被耗尽,而根瘤菌的固氮能力还未发挥,植株正处于加速生长、花芽分化的紧要关头,对土壤中氮素的供应十分敏感。一般在始花前10天施用氮肥,对花芽分化及产量形成有重要的作用。尤其是在瘠薄地、基肥少、未施种肥的情况下,追肥更显重要。

花生磷素的营养临界期一般在盛花至结荚期,此时,花生对磷素的营养逐渐达到旺盛,缺磷一方面严重影响生殖生长,同时又降低根瘤菌的固氮能力,影响氮素代谢。因此,磷肥的施用除用作基肥和种肥外,在花针期追施也有较好的效果。

花生氮、磷营养的最大效率期是在结荚期,此期营养生长与生殖生长均达到最盛期,所吸收的营养物质亦达到最高峰,是花生产量形成的重要时期。追肥应根据地力水平、前期施肥量及花生长势而定。对前期施肥量不足、土壤肥力低、表现缺肥,则要及早追施速效氮磷肥料。

花生对钾素的吸收高峰比氮磷早,一般出现在花针期,如土壤瘠薄、有机肥少、土壤速效钾低,则在此期追施适量钾肥有较好的增产效果。在有机肥用量较多,土壤肥沃的情况下可不施钾肥。

二、花生的需肥规律与施肥

花生一生对各种营养物质的需要,随不同生长发育阶段而变化。幼苗期对氮磷钾的吸收量较少，约占全生育期总吸收量的5%；花针期吸收量显著增加，占全生育期总吸收量的20%~25%；结荚期对氮磷钾的吸收达到高峰，吸收量占总吸收量的60%~70%。一般早熟品种吸肥高峰来得较早。饱果成熟期以后，花生对各种营养物质的吸收显著减少，对氮、磷、钾的吸收量占总吸收量的20%~30%。一般，每生产100kg荚果，需氮4~6kg，磷0.5~1.3kg，钾2~4kg，钙1.35~1.92kg，铁0.16kg。

根据上述需肥规律，花生苗期是侧枝生长与花芽分化的关键时期，也是施肥的关键时期，必须及时满足这一时期对营养物质的需求。在施足基肥、种肥的情况下，还要酌情进行追肥，在未施基肥或基肥不足的情况下，必须追施速效氮、磷肥料。以后随花生对营养物质吸收量的逐渐增加，在吸肥高峰到来之前，在始花期追施一定量的氮磷肥料，以满足花生对大量养分的需求。此期由于根瘤菌的固氮能力已大大加强，氮肥的用量不宜过大，应根据苗情和地力条件而定。一般追肥量占总追肥量50%左右。饱果成熟期以后，为防止早衰可追施少量氮肥，也可进行根外追肥，叶面喷施含多种营养元素的复合液体肥料，同样具有良好的增产增收效果。

三、花生主要施肥技术

1. 化肥的施用

化肥的用量应根据肥料种类、当地土壤肥力、产量水平、肥料利用率等综合确定。推荐参考当地测土配方施肥技术，来确定最佳的施肥方案。

氮肥的施用，由于花生根瘤菌可固定大量氮素，从节省用肥出发，应最大限度地发挥根瘤菌的固氮潜力而少施氮肥，但不能因此而认为在任何条件下都不需施用氮肥。在土壤含氮量低时，苗期适当追施氮肥，有利于培育壮苗，促进花芽分化和根瘤菌的发育。氮素化肥最好在播种时做种肥或在苗期追施，这样施肥的增产效果最好，一般亩施纯氮 3～5kg。

磷肥的施用，最好与适量的有机肥混合，沤制 15～20 天做基肥或种肥集中沟施，有利于提高肥效。在做追肥时，以花针期施用效果最好，磷肥的施用效果与土壤速效磷含量有很大关系，一般在土壤速效磷含量低于 30mg/kg 时，施磷增产效果显著。磷肥的经济用量以亩施五氧化二磷 1.3～3kg 为宜。

钾肥的施用，在土壤缺钾和有机肥用量较少的情况下，做基肥施用有较好的效果。一般亩施氧化钾 2～2.5kg 为宜。

在酸性土或缺钙土壤上，花生施用钙肥有明显增产作用。在微量元素中，钼对花生的增产作用最为突出，据试验，用 0.2% 的钼酸铵浸种或喷施，可增产 10% 左右，用磷肥与钼酸铵做花生种肥可显著增产。

2. 基肥的施用

花生前期根瘤菌固氮能力很弱，中后期果针已入土，肥料很难施入，所以，花生施肥应以基肥为主，因地制宜配合追肥。基肥主要是农家肥和有机肥，既能满足花生对各种矿质元素的全面需求，又能改良土壤，培肥地力，为花生创造良好的土壤环境。除有机肥外，在基肥中应适量加入氮、磷、钾肥料。底施氮肥可促进花生幼苗生长及根瘤菌形成。花生对磷的吸收量虽少，但很敏感，增施磷肥，增产效果十分显著。在有机肥用量少或土壤速效钾含量低时，应增施钾肥。

3. 追肥的施用

一般施足基肥的花生不需追肥，但对地力差、基肥施入少的地块，视苗情适当追肥。花生追肥应以速效氮、磷肥料为主，磷肥在做追肥时在花针期施用最好。氮肥的追施主要在苗期，其用量既要保证花生的及时需求，又要防止过多造成碳氮比失调，影响根瘤菌生长及固氮。北方地区春播花生，因苗期降雨少，土壤水分不足，苗期追肥往往不能及时发挥肥效，如果改用种肥效果更好。在饱果成熟期，还可采用叶面追施氮、磷肥料的方法。

四、花生营养失调症状

1. 缺氮

叶片浅黄，叶片小，影响果针形成及荚果发育。茎部发红，根瘤少，植株生长不良，分枝少。

2. 缺磷

老叶呈暗绿至蓝绿色，以后变黄而脱落，茎基部呈红色。

3. 缺钾

初期叶色稍变暗，接着叶尖现黄斑，叶缘出现浅棕色黑斑。致使叶缘组织焦枯，叶脉仍保持绿色，叶片易失水卷曲，荚果少或畸形。

4. 缺钙

荚果发育差，影响籽仁发育，形成空果。果胶物质少，果壳发育不致密，易烂果。当苗期严重缺钙时，会造成叶面失绿，叶柄断落或生长点萎蔫死亡，根不分化等。

5. 缺镁

老叶边缘失绿，逐渐向中脉扩展，而后叶缘变成橙红色。

6. 缺硫

症状与缺氮时相似，但一般从顶部叶片开始失绿黄化。

7. 缺硼

延迟开花进程，荚果发育受到抑制，造成籽仁空心，影响品质。

8. 缺铁

新叶失绿呈清晰的羽状花纹。

9. 缺锰

早期叶脉间呈灰黄色,到生长后期,失绿部分呈青铜色,叶脉仍保持绿色。

第六节 棉 花

棉花是我国的主要经济作物。棉纤维是主要工业纺织原料,其具有的吸湿、透气、保温柔软等性能是化学纤维所不可替代的,并在国防、化工、医疗等方面具有重要作用。

一、棉花的营养特性与施肥

棉花不同生育时期对营养物质的需求是不同的,除具有一般作物营养的共性外,还具有其营养的特殊性。在施肥上更应注意棉花营养的阶段性与连续性的统一,充分协调好营养生长与生殖生长的关系,以实现经济合理施肥。

棉花营养时期受品种影响较大,早熟品种生育期只有150~170天,营养时期较短;中、晚熟品种生育期在200天以上,营养期较长。因而在施肥上,早熟品种应早施、集中施用,中、晚熟品种应分次施用。

棉花对磷肥的施用反应敏感,磷素的营养临界期是在苗期,此时缺磷,棉花叶片暗绿,根系发育差,严重影响后期发育。因而施肥中应增加基肥与种肥中磷的用量,保证苗期不缺磷。

棉花氮素的营养临界期在现蕾初期,缺氮易引起蕾铃脱落,及时追施氮肥能使植株生长健壮,果枝数增多,增加蕾铃数量。

棉花营养的最大效率期在花铃期,此期棉花生长发育最旺盛。需要的养分最多,在生产上应重施花铃肥,以速效氮、磷肥为主,配合有机肥、钾肥提前施用,既能满足花铃期对肥料的大量需求,又能防止后期早衰,发挥肥料的最大经济效益。

棉花对微量元素硼的需求量较多，同时钠盐对提高纤维品质具有重要作用，因此，增施硼肥和钠盐具有显著的增产和改善棉花品质的作用，并能提高氮磷钾化肥的使用效益。

二、棉花的需肥规律与施肥

棉花的需肥规律是指导棉花施肥的理论依据之一。提高棉花使用化肥的效益，就是要按照棉花的需肥规律进行合理施肥，达到提高单位化肥用量所获得的棉花产量的目的。

棉花一生对养分吸收的一般规律：苗期吸收量较少，直到现蕾前。吸收养分量不足总量的5%。此期，棉株对磷素营养特别敏感。现蕾到初花养分的吸收占总量的10%左右。开花后棉花营养生长与生殖生长进入旺盛时期，对养分的吸收量急剧增多，由初花到盛花，有50%以上的氮、25%的磷和30%以上的钾被吸收。盛花期以后，氮素的吸收占总量的25%，磷、钾的吸收量占总量的50%以上。根据多方面的统计资料，一般每生产100kg皮棉需吸收氮（N）20~23kg，磷（P_2O_5）10~16kg，钾（K_2O）20~28kg。

据此，棉花施肥要及时调节各生育时期的养分比例要求，协调好营养生长与生殖生长的关系，满足各生育阶段对养分的最大需求。

棉花苗期应适时早追提苗肥，以氮素化肥为主，对培育壮苗具有极大作用。如基肥不足、地力差或未施种肥，则更应早施提苗肥。现蕾以后，应以追施腐熟的有机肥为主，适当控制氮肥的用量，防止氮素过多，引起徒长和浪费。

花铃期棉花对养分的吸收达到高峰，应重施花铃肥，增加速效氮肥的用量，补充适量磷、钾肥。一方面要满足棉花建成一定大小的营养体要求，为丰产打好基础；另一方面要满足结实器官的养分需求，以利于多节铃。

棉花生育后期对养分的吸收减少,为防止脱肥,应根据长势长相、气候条件等适当补施秋桃肥,促进后期养分有效地结实器官运转。但要注意掌握肥料用量不宜过大,防止贪青晚熟,减少损失,提高肥效。

三、棉花主要施肥技术

棉花是一种技术性较强的经济作物,对土肥水等条件的要求比较严格。由于棉花的生长时间较长,营养生长与生殖生长并重时间也较长。因此,棉花施肥必须根据其生物学特性,各生育阶段的营养特性、土壤及气候条件等因素,综合运用水肥措施,充分协调好营养生长与生殖生长的矛盾,才能获得棉花的高产、优质、高效,实现经济合理施肥。

1. 基肥的施用

棉花的基肥应以有机肥为主,一般亩施有机肥 2 500 ~ 3 000kg。有机肥养分齐全,肥劲缓而持久,并能随棉花的生长发育逐步分解发挥肥效,不断满足棉花对养分逐步增多的需求,有利于壮苗早发,蕾期稳长。高温季节,肥分大量分解,正适应花铃期对养分的大量需求,结桃多,不早衰,并能改良土壤,提高肥力。

棉花对氮、磷、钾化肥的吸收量是随产量的增加而增多的,但是化肥的施用效益是随施肥量的增加而递减的,因此,欲求高效益,必须合理增施化肥。各地应结合实际,根据产量水平、土壤供肥水平、肥料利用率等确定适宜的化肥使用配方及使用量。一般,基肥的用量占总施肥量的 60% ~ 70%。

基肥的施用时间,可在秋冬结合深耕翻入土壤,延长有机肥腐熟分解时间,提高化肥肥效。

2. 追肥的施用

棉花的追肥要掌握"苗期早施、蕾期稳施、花铃期重施、后期酌施盖顶肥"的原则，追肥总量占总施肥量的30%~40%。

苗期追肥以速效氮为主，并根据苗情、地力等条件适量追施其他肥料。一般对长势差、基肥少、地力弱的田块应及早追提苗肥，促早发棵，一般亩追尿素5kg，开沟条施、施后覆土。对于肥力高、基肥足的高产棉田，苗期可不追肥，而采取中耕措施，促进根系发育，培育壮苗。

蕾期追肥以腐熟有机肥配合少量氮肥效果最好，既有利于蕾期稳长，又有助于协调好营养生长与生殖生长的关系。追肥时间应在盛蕾期，方法采用开沟深施为佳。采取这种方法施肥时，要注意距离棉株远些，以免伤根过多，影响正常生长。

棉花生长进入花铃期，追肥应以氮肥为主配合磷钾肥，追肥量占总追肥量的60%左右。追肥时间依具体情况而定，肥力低、长势差的棉田应早施，可在初花期施用；肥力高、长势旺的棉田在盛花期棉株下部结1~2个成铃时追施。对于密度大、移栽棉和易早衰品种，也应早施。

棉花后期追肥，目的是防止脱肥早衰、多结秋桃和增加铃重，要根据土壤肥力、长势而定，一般亩追标准氮肥5~6kg，在7月底到8月初进行，施肥不宜过晚，否则造成贪青晚熟。

四、棉花营养失调症状

1. 缺氮

生长缓慢，植株矮小，叶片由下至上逐渐变黄，幼叶黄绿，中下部叶片黄色，下部老叶为红色，叶柄和基部茎秆暗红或红色，果枝少，结铃小。

2. 缺磷

植株矮小，苍老，叶色灰暗、茎细，基部红色，果枝少、叶片小、叶缘和叶柄常出现紫红色，根系发育不良，成熟延迟，蕾铃易脱落，产量及品质下降。

3. 缺钾

前期主茎中部叶片首先出现叶肉失绿，进而转为淡黄色，但叶脉仍正常。以后在叶脉间出现棕色斑点，斑点中心部位死亡，叶尖和边缘似灼烧焦状，向下卷曲，最后整个叶片变成棕红色，过早干燥脱落，棉桃瘦小，吐絮不畅，产量低，纤维品质差。

4. 缺钙

植株矮小，叶片老化，果枝少，结铃少，生长点严重被抑制，呈弯钩状，叶片提前脱落。严重缺钙时，新叶叶柄下垂，并溃烂。

5. 缺镁

老叶脉间失绿，叶脉保持绿色，网状脉纹十分清晰，有时叶片上有紫色斑块甚至全叶变红，呈红叶绿脉状，新定型叶片随后失绿变淡，棉桃和苞叶也变为浅绿色。

6. 缺硫

植株瘦弱，整个植株为淡绿色或黄绿色，生长期推迟。

7. 缺硼

引起"蕾而不花"，能现蕾，但苞片大至1cm左右时变黄脱落，少数能开花的形小色淡，花冠短，铃小，铃尖呈钩形，叶柄呈现暗绿或褐色环带。严重缺硼时，苗期顶芽萎缩死亡，形成多头棉。

8. 缺铁

新叶表现为叶脉间失绿，常呈黄白色，每一片叶均比下一片叶稍黄，叶脉仍保持绿色，叶缘向上卷曲。

9. 缺锰

幼叶先失绿，脉间灰黄或灰红色，叶脉仍保持绿色。节间变短，植株矮化，顶芽可能最后死亡。

10. 缺锌

幼叶为青铜色，脉间失绿，叶片增厚，发脆，边缘向上卷曲，节间短。植株小而成丛生状，生育期推迟。

第七章 主要蔬菜作物与施肥

第一节 黄 瓜

一、黄瓜的需肥特性

黄瓜是我国消费量最大的一种蔬菜，属于葫芦科草本攀缘植物，具有喜温暖、耐阴湿、不耐低温、畏霜冻的特点。其根系稀疏松散，根量较少，再生能力差，在土壤中分布较浅，吸收水肥的能力不强，对土壤营养条件要求比较严格，适宜种植在肥沃且通气性好的微酸性至弱碱性土壤上。

黄瓜结果多，产量大，需要多次采收，因而其需肥量也大，对施肥技术的要求比较严格。一般，每生产1 000kg黄瓜需要吸收氮（N）2.5~4kg，磷（P_2O_5）1.2~3.5kg，钾（K_2O）3.3~5kg。另外，还需吸收钙、镁、硼、铁、锌、锰等中微量元素。氮对产量的影响最为明显，分期施氮比一次性施氮有利于增加雌花的数量；磷对花芽分化有重要作用，大量分期施磷有利于雌花的产生；钾可改善氮的利用率，增强对磷的吸收，促进碳水化合物的合成和转移，也能促进花芽分化。缺钾时，无论营养生长还是生殖生长，都受到严重影响，若幼苗期氮丰富而钾不足，则雌花会减少，但是，钾过多会抑制对钙、镁的吸收。

磷素的作用显著表现在黄瓜播种后20~40天，此时一定要保证磷的供应。黄瓜吸收氮、磷、钾三要素的高峰主要在结瓜盛期，占所需总量的50%~60%，而且产量越高，对养分的吸收也就越多，对地力的消耗也越大。但是，此时一定要注意肥料用量，黄瓜根系弱，易损坏，若肥料浓度过高会发生"烧根"现象，须根不再发展，根端呈现枯黄，严重时，植株的地上部分表现为萎缩、叶小，生长不良。

二、黄瓜的主要施肥技术

1. 基肥的施用

黄瓜在播前或定植前，必须施足底肥，以促根壮苗，达到高产的目的。一般亩施优质腐熟的厩肥类有机肥 $3 \sim 5m^3$，并视当地情况加入无机肥料，由于磷肥释放缓慢，一般此时将磷肥一次性施入，后期不再追施磷肥。有机肥要腐熟细碎，施用方法为耕地前撒施，翻入土壤中，耕层为 $15 \sim 20cm$，春黄瓜宜深，夏、秋黄瓜宜浅，使土壤与肥料均匀混合。如果发现有机肥腐熟不完全或者施用时混合不匀，遇土壤水分不足时，会出现烧苗现象，应及时浇水。

建议老棚少施畜禽粪便，多采用目前市场上推广的正规生物有机肥料，以提高肥料利用率，保证棚内土壤活性，减少病虫害。

2. 追肥的施用

黄瓜生长快，产量高，不断结瓜，不断采收，需及时大量补给养分。由于其根系吸收能力较弱，所以在施足基肥的前提下，还必须不断追肥。

初花期，为促进雌花的大量形成，缓苗后的肥水管理应以控为主，对黄瓜适当蹲苗，根据情况结合浇水少量追肥，一般每亩追施氮（N）$4 \sim 8kg$，钾（K_2O）$4 \sim 6kg$。

进入结瓜期后，转为以促为主，一般结合浇催瓜水，先追施一次有机肥。有机肥之所以要早追，是因为其肥力释放较慢，追施量较大，瓜秧封垄后不便施入。其追肥方式和具体数量要依肥料种类而定，最好按照黄瓜根系生长伸展趋势，分距离、分层位开沟埋施。如追施化肥，一般为每亩氮（N）4～8kg，钾（K_2O）5～9kg。

根瓜采收后，进入腰瓜生育期，营养生长与生殖生长都很旺盛，对水肥的需求量也大大增加。为保证水肥供应，此时应每隔6～10天随水追肥，每次追施氮（N）4～6kg，钾肥追施量依土壤含钾水平、有机肥情况和产量目标而定，一般钾（K_2O）为2～3kg，如为长季茬适当提高追肥量10%左右。建议追肥期间与复合生物肥料相间施用，即一次化肥一次复合生物肥料，这样既能增产增收，提高果实品质，又能减少污染，实现可持续生产。

切忌采收后期忽视追肥时间，应做到及时，以免出现早衰现象，影响黄瓜产量和品质。

3. 喷施肥料的使用

黄瓜定植后，为促进发根和缓苗，可喷施浓度为0.2%～0.4%的尿素水溶液。进入盛瓜期，喷施0.5%的尿素，增强生长势，延长瓜秧寿命，改善瓜果品质。顶瓜生长期，植株衰老，根部吸收能力减弱，应喷0.5%的尿素。过磷酸钙、磷酸二氢钾、稀土等也可制成水溶液喷施，有条件的可购买专用叶面肥。

三、黄瓜营养失调症状

1. 缺氮

植株矮化，下部叶片枯边、叶脉间黄化，但叶脉仍为绿色。果实细短，呈黄色或灰绿色，多刺，果蒂呈浅黄色或果实呈畸形。

2. 缺磷

幼叶变小僵硬，呈暗绿色，子叶和老叶出现大块水渍状斑，并向幼叶蔓延，下部叶片出现枯萎斑点，严重时停止生长，叶片黄化枯死。如磷过剩，叶片的脉间和叶缘会出现白斑。

3. 缺钾

植株矮化，节间短，叶片小。老叶边缘出现黄化现象，但叶脉仍明显保持绿色，越靠基部越严重。叶片皱缩不平整，边缘出现枯焦，严重时叶片上有棕褐色斑点。果实发育不良，易产生"大肚瓜"。如钾过剩，会出现叶脉间失绿、叶缘上卷现象。

4. 缺钙

节间短，顶部节变矮明显。叶缘似镶金边，嫩叶从外向下内卷，似帽。严重时顶叶变为褐色，叶柄变脆，易脱落，植株从上部开始死亡。黄瓜钙过剩时，症状发生在下部叶片上，叶脉间出现黄色斑点。

5. 缺镁

症状从老叶向幼叶发展，最终扩展至全株。老叶脉间失绿，并从叶缘向内发展。极度缺镁时，叶肉失绿迅速发生，小的叶脉失绿，仅主脉尚存绿色。有时失绿区似大块下陷斑，最后斑块坏死，叶片枯萎。

6. 缺硫

黄瓜生长发育没有异常表现，但中、上部叶片明显变淡。

7. 缺硼

根系不发达，生长点停止生长，叶缘向上卷曲，果实中心木栓化开裂。硼中毒的特征为叶片边缘呈金黄色。

8. 缺铁

上部叶片失绿，但叶脉仍为绿色。芽停止生长，叶缘坏死，完全失绿。

9. 缺锰

中部叶片叶脉间黄化，这种症状在温室中常见。锰中毒的特征为中部偏下的叶片的叶脉变为褐色，同时叶脉附近的叶肉黄化、枯死。

10. 缺锌

叶片向外弯曲，生长点附近的节间变短，叶脉间黄化，此症状主要表现在幼叶上。缺锌的最典型症状为植株顶部的叶片变小，即"小叶病"。

第二节 番 茄

一、番茄的需肥特性

番茄含有丰富的胡萝卜素、维生素 C 和维生素 B，用途广，消费量大，是我国栽培最为普遍的蔬菜产品之一。番茄属茄科植物，适应性强，结果期长，其根系发达，主根可深达 150cm，横向展幅为 250cm 左右，根群主要分布在 30~50cm 土层中。番茄喜温、喜光、较耐旱，除对土壤通气条件要求较高外，对其他土壤条件的要求不是很严格，但忌连茬，避免病虫害过重。

番茄生长期长，能够连续开花结果，产量很高，需肥量很大，根据多方面的统计资料，每生产 1 000kg 番茄需吸收氮（N）3.2~5.5kg，磷（P_2O_5）0.8~1.5kg，钾（K_2O）4.5~6.2kg，其比例约为 1∶0.25∶1.4。另外，还需吸收多种中微量营养元素，其中以钙、镁、硼较多。

番茄在不同生育时期对各种养分的吸收量不同，随着植株的生长而逐渐增加。在幼苗期主要以氮为主，约占其需氮总量的 10%；进入开花坐果期，其吸收营养的数量迅速增加，其中氮约占其需氮总量的 40%，钾约占其需钾总量的 30%；到结果盛期，氮约占其需氮总量的 50%，钾约占其需钾总量的 70%。

氮素可促进番茄茎叶生长和蛋白质的合成，磷素能够促进幼苗根系发育，花芽分化，提早开花结果。在番茄生育前期对这两种营养元素的吸收量虽然不高,但是由于前期的根系较弱,对肥力水平要求很高,氮、磷不足不仅会抑制前期生长发育,而且它对后期的影响很难以靠施肥来弥补。所以,如果土壤肥力水平不高,应及时采取增施有机肥料、生物肥料和无机肥料等措施,增强肥力。钾可促进番茄果实发育,提高品质。当第一穗果坐果时,对氮、钾的需求量迅速增加,到果实膨大期,需钾量还会进一步增加。

二、番茄的主要施肥技术

1. 基肥的施用

番茄在育苗时,每亩苗床施腐熟有机肥 $4\sim5m^3$,并根据地力和有机肥质量掺入适当无机肥料作为基肥撒施,翻耕 $10\sim15cm$,使土、肥充分混匀,整平播种。也可以采用营养土育苗。

在定植前,必须施足底肥,以促根壮苗,达到高产的目的。一般亩施优质腐熟的有机肥 $4\sim5m^3$,并视当地情况加入尿素、过磷酸钙、硫酸钾或三元复合肥等无机肥料,由于磷肥释放缓慢,一般此时将磷肥一次性施入,后期不再追施磷肥。有机肥要充分腐熟细碎,施用方法为耕地前撒施,翻入土壤中,耕层为 $15\sim20cm$,使土壤与肥料均匀混合,也可留一部分施在定植沟内。如为长季茬,应适当加大基肥施用量。有条件的农户可采用目前市场上正规厂家生产的生物有机肥料做基肥,以提高肥料利用率,保证棚内土壤活性,减少病虫害。

2. 追肥的施用

番茄定植后 $5\sim7$ 天后,可浇一次缓苗水,此时如发现基肥不足,植株长势较弱,应及时随水追施稀薄的粪水或氮肥,促进发秧。缓苗后的肥水管理应以控为主,对番茄适当蹲苗,蹲苗时间的长短需根据品种、苗龄、土质等条件灵活掌握。自封顶的早熟品种时间宜短;长势弱的早熟品种可不蹲苗;中晚熟品种营养生长较旺，蹲苗时间较长；苗龄小的应适当长蹲，沙质土宜短蹲。

蹲苗结束后，应追施一次"催苗肥"，一般每亩追施氮（N）2~3kg，钾（K_2O）3~4kg。对早熟品种追肥量应稍大，避免出现"坠秧"现象，对中晚熟品种或苗龄小的秧苗要控制追肥量，以防徒长。如采用穴施，应注意施肥穴既要挖在根系能够伸到的位置，还不能离根太近，以免烧苗。

第一穗果开始膨大时，应追施"催果肥"一般结合浇水每亩追施氮（N）2.5~3kg，钾（K_2O）3~4kg。此时如发现缺磷症状，一般为新生茎细、叶小，下部叶片的背面呈现紫红色，应配施过磷酸钙20~25kg。当第二、第三穗果进入迅速膨大时，肥水需求量达到高峰，此时一般每穗果开始膨大时，随水每亩追施氮（N）3~4kg，钾（K_2O）3.5~4.5kg。这个时期要随时注意观察植株生长情况，发现氮、磷、钾缺乏症时，要着重增加追肥量，若植株生长旺盛，应适当减少追肥。

3. 喷施肥料的使用

在番茄开花结果期，可进行根外追肥，常用的有0.5%~1%的尿素，1%的过磷酸钙浸出液，0.1%~0.2%的磷酸二氢钾。由于此时期番茄对营养元素的需求较大，大量冲施氮磷钾肥料会影响植株对其他中微量元素的吸收，应根据实际情况通过叶面喷施及时补充，如喷施0.03%~0.05%的硼酸或硼砂溶液，可提高坐果率，喷施0.5%的硝酸钙或1%的过磷酸钙，可有效减少脐腐病的发生。

三、番茄营养失调症状

1. 缺氮

植株生长缓慢，矮小直立，叶色淡绿或黄色，叶小而薄，叶脉由黄绿色变为深紫色，茎秆变硬并呈深紫色。花蕾变为黄色，易脱落，果小而少氮过剩时，叶片增大增厚，叶色浓绿，叶片卷曲，植株旺长，果实发育不良。

2. 缺磷

上部叶片生长受到抑制，新生茎细、叶小。早期下部叶片的背面呈现紫红色，脉间出现一些小斑点，随后蔓延到整个叶片。

3. 缺钾

老叶边缘卷曲，脉间失绿，有些失绿区出现边缘为褐色的小枯斑，以后老叶脱落，茎变粗，根细弱。果实着色不匀，背部常绿色不褪，称"绿背病"。果实较小，多为棱形果，从剖面可发现内空，汁液少。

4. 缺钙

上部叶片变黄，下部叶片保持绿色，生长受阻，顶芽常死亡。幼叶小，易成褐色而死亡。近顶部茎常出现枯斑。根粗短分枝多，花少脱落多，顶花特别容易脱落。果实出现脐腐病，果实膨大初期，脐部果肉出现水浸扎状坏死，以后病部组织崩溃、黑化、干缩、下陷。钙过剩时，症状发生在中部叶片上，叶片尖端枯死、白化。

5. 缺镁

叶片变得易碎，并有从叶尖到基部卷曲的趋势，老叶脉间呈黄色，逐渐向幼叶发展，结实期叶片缺乏症状加重。

6. 缺硫

初期叶片和植株体型均正常，茎、脉和叶柄渐呈紫色，叶片呈黄色。老叶的小叶叶尖和叶缘坏死，脉间组织出现紫色小斑点，幼叶僵硬并卷曲，最后出现大块不规则坏死斑。

7. 缺硼

幼苗子叶和真叶发紫，叶片僵而脆。生长点附近的顶芽死亡。顶端的枝条向内卷曲，发黄而死亡，叶柄及叶片主脉硬化变脆。果实表面有凹陷，常覆盖着一些暗黑色疤痕，并破裂。番茄硼中毒的特症是在叶缘和部分叶肉上出现坏死组织，并有下部叶片依次向上干枯的趋势，果实的花萼叶片尖端卷曲和坏死。

8. 缺铁

初期症状常发生在上部叶片或侧枝上，叶片边缘首先黄化，并向叶柄方向发展。

9. 缺锰

叶片脉间失绿，距主脉较远的地方先发黄，叶脉保持绿色，以后叶片上出现花斑，最后叶片变黄。严重缺锰时，生长受抑制，不开花，不结实。

10. 缺锌

植株矮小，叶片叶小，丛生，结果少。缺锌的最典型症状为植株顶端叶片首先出现小叶丛生，俗称"小叶病"。

第三节 茄 子

茄子是我国各地普遍种植的蔬菜品种，属茄科植物。茄子含有丰富的蛋白质、维生素、钙盐等营养成分，还含有少量特殊苦味物质茄碱，经常食用，有降低胆固醇、防止动脉硬化和心血管疾病的作用，还具有预防肝脏多种疾病、抑制癌细胞、抑制微生物等功能。

一、茄子的需肥特性

茄子适应性强，耐湿、耐热，其根系发达，主根垂直伸长，生长旺盛，深度可达 1.5m 左右，横向伸长直径超过 1m，主要根群分布在 33cm 的土层中。茄子根系需氧量较大，田间积水、土壤板结都会影响其根系的生长。

茄子生长期长，对土壤和肥料要求较高，要求疏松、有机质多、肥沃而保水能力强的土壤。如果土壤干旱瘠薄，种出来的果实皮厚肉硬，种子变老，味道不佳，会严重影响产量和商品性。茄子产量很高，需肥量也较大，根据多方面的统计资料，每生产1 000kg茄子需吸收氮（N）3~4kg，磷（P_2O_5）0.7~1kg，钾（K_2O）4~6kg。另外，还需吸收多种中微量营养元素，其中以钙、镁较多。

茄子对氮、磷、钾三要素的吸收量随着植株的生长而逐渐增加，幼苗期需肥量很少，主要为氮、磷两种元素，其中氮素可促进茎叶生长，磷素能够促进幼苗根系发育，使茎叶健壮，提高定植苗的成活率，提早花芽分化。茄子对三要素的吸收主要是在初花期至末果期，约占总量的90%，其中盛果期占2/3。自初花期开始吸收氮、钾的量逐渐增大，尤其到果实采收盛期吸钾量会明显增多，此时如氮不足，长柱花会减少，生育后期开花数减少，花质降低，结果率下降，减产严重；钾不足，会延迟花的形成，最终影响产量。

茄子结果有周期性，一次旺盛结果后，有个结实较少的间歇期。在整个结果期内有2~3个周期，周期起伏程度与施肥量、采收果实的大小和数目等有关。合理增施肥料可消减周期起伏，提高产量。

二、茄子的主要施肥技术

1. 基肥的施用

茄子生长期长，产量大，在定植前必须施足底肥，深耕土壤，以促根壮苗。一般亩施优质腐熟的有机肥4 000~5 000kg，并视当地情况加入尿素、过磷酸钙、硫酸钾或三元复合肥等无机肥料，一般亩产7 000kg的地块，基肥每亩随有机肥加入氮（N）5kg，磷（P_2O_5）6kg，钾（K_2O）7kg。由于茄子的根系较深，施基肥时应结合深翻，将有机肥和50%~60%的化肥撒施于地表，然后深翻40cm，其余的肥料在整地时施入土壤表面以下15~20cm

处，并使之与土壤充分混合。有条件的农户可采用目前市场上正规厂家生产的生物有机肥料做基肥或用一部分替代，以提高肥料利用率，保证棚内土壤活性，减少病虫害。

2. 追肥的施用

茄子定植后，及时浇水缓苗，如基肥施用量较少，此时可随水轻施腐熟人粪尿或化肥，待地表见干后，可进行中耕培土，促进根系发育。之后对茄子进行适当蹲苗，蹲苗时间的长短需根据品种、苗龄、土质等条件灵活掌握，保水能力差的地块或遇干旱年份，蹲苗时间宜短。门茄现蕾，标志着幼苗期结束，但此时仍处于营养生长和生殖生长的过渡阶段，应适当控制肥水，促进营养物质分配向以果实生长为主转移。门茄瞪眼后，茎叶与果实同时生长，这时结束蹲苗，结合浇水追施一次"催果肥"，促进果实膨大，一般每亩追施氮（N）2~3kg，以及适量的磷肥。对早熟品种追肥量应稍大，避免出现"僵果"和"坠秧"现象，对中晚熟品种要控制追肥量，以防徒长。

当对茄果实长至4~5cm大小时，进行第二次追肥，一般每亩追施氮（N）4~6kg，缺钾时适当追施钾肥；当四母斗茄长至4~5cm大小时，进行第三次追肥，追肥量与对茄时期相比，适当减少氮肥用量，增加钾肥，以提高果实品质。以后，根据植株生长情况确定追肥次数和施肥量。一般在每层果实膨大期都应追肥，追肥量较第三次应减少20%左右。

3. 喷施肥料的使用

在茄子每层花序现蕾时，喷施0.03%~0.05%的硼酸或硼砂溶液，可提高坐果率。以后在每层果实膨大期，可进行根外追肥，常用的有0.5%~1%的尿素，1%的过磷酸钙浸出液，0.1%~0.2%的磷酸二氢钾，含腐植酸水溶肥料。在全生育时期，要时刻观察植株的生长情况，注意由钙、镁等中微量元素的缺乏所引发的症状，尤其是果实膨大期大量冲施氮磷钾肥料会影响植株对其他中微量元素的吸收，应根据实际情况通过叶面喷施及时补充。

三、茄子营养失调症状

1. 缺氮

下部叶片的脉间黄化严重，而叶脉仍留有少许绿色。

2. 缺磷

下部叶片先变黄后干枯脱落，上部叶片呈灰绿色，茎部停止伸长，生长点受阻，果实也不再膨大。当磷过剩时，由下部叶片开始直至整体的叶片黄化，叶脉附近有明显的斑点。

3. 缺钾

植株初期心叶变小，生长较慢，叶色变淡，后期叶脉间失绿，出现黄白色斑块，叶尖叶缘渐干枯。

4. 缺钙

顶部生长发育受到抑制，叶脉间变为黄褐色，果实前端褐腐或干瘪。

5. 缺镁

首先叶脉附近变黄，严重时整个叶片黄化，从叶尖和叶缘开始变褐并坏死，有时叶脉仍保持绿色。缺镁症状一般出现在收获前的下部叶片，或者是果实膨大期时果实周围的叶片上，如收获量较大时，下部叶片会出现严重脱落。当镁过剩时，下部叶缘向上卷曲，叶脉间出现黄化，尔后叶脉间出现褐色斑点并坏死。

6. 缺硼

茎叶发硬，顶叶发黄，生长发育受阻。果实受害较显著，表现为近萼部的果皮和果实内部变褐，易落果。硼中毒时，首先从下部叶片开始出现症状，叶脉间出现褐色的坏死小斑点，并逐渐往上部叶片发展。

7. 缺铁

初期症状常发生在顶端叶片上,叶片黄化,严重时叶脉间几乎全部变黄。

8. 缺锰

症状表现在生长中期以后,中下部叶片脉间失绿、黄化,严重时叶肉全部白化。这种现象在大棚两端干燥处常有发生。锰中毒时,根系变褐,根量小;下部叶片叶脉呈褐色沿叶脉发生褐色斑点。

9. 缺锌

顶部叶片的中间隆起、畸形,生长差,茎叶变硬。锌过剩时,生长发育受阻,易诱发缺铁症。

10. 缺钼

茎和叶上出现紫红色,叶片出现畸形并向上卷曲。

第四节　大白菜

大白菜属于十字花科二年生草本植物,广泛分布于全国各地,其拥有产量高、易栽培、耐贮运、供应期长等特点,在我国的蔬菜生产上占有重要地位。大白菜中含有丰富的B族维生素、维生素C、钙、铁、锌等中微量元素。中医认为大白菜其性微寒无毒,经常食用具有养胃生津、除烦解渴、利尿通便、清热解毒之功效。大白菜还含有丰富的粗纤维,不但可以起到润肠的作用,还有促进排毒的作用,可以刺激肠胃蠕动,有助于改善消化不良。

一、大白菜的需肥特性

大白菜的主根可达60cm,侧根生长旺盛,不断分枝,形成发达的网状根系,主要分布在耕层土壤中,根系较浅。但是植株生长快，且生长量大，吸收矿质养分也较多，对水分和土壤要求较高，所以，种植大白菜应选择肥沃、疏松、保水、保肥、透气性好的地块，以中性、微酸性或微碱性壤质土为佳。

营养元素中的氮、磷、钾是大白菜生长发育过程中必不可少的，三者各自发挥自己的作用，而又相辅相成。氮是大白菜需求最为敏感的营养元素，它可以促进叶丛生长，增加叶面积和厚度，提高光合速率，从而提高产量和品质，但是，要注意氮素过多而磷、钾不足时，会造成植株徒长，叶大而薄，结球不紧，含水量多，品质与抗病性下降。磷能够促进叶原基的分化，使外叶和球叶数增多，提高叶球的坚实度，增加净菜量。磷还可以加速主根分生侧根，利于根系吸收养分和水分。钾可促进光合产物向叶球运输，加快结球速度，尤其是在叶球形成时期，钾肥供给充足，可使叶球充实，增加产量。

大白菜在各生长期内对三要素的吸收量不同，大概情况为发芽期至莲座期的吸收量占总吸收量的20%~30%，而结球期占总吸收量的70%~80%。不同生育期三要素的关系为苗期需求量磷＞氮＞钾，后期需求量钾＞氮＞磷。根据多方面的统计资料，每生产1 000kg大白菜需吸收氮（N）1.6~2.5kg，磷（P_2O_5）0.7~1kg，钾（K_2O）2~4kg。另外，还需吸收多种中微量营养元素，其中以钙、硼在生产上的表现最为明显。

二、大白菜的主要施肥技术

1. 基肥的施用

大白菜生长期长，生长量大，需要大量肥效长而且能提高土壤保肥能力的有机肥。一般亩施优质腐熟的有机肥3 000~5 000kg，并视当地情况加入尿素、过磷酸钙、硫酸钾或三元复合肥等无机肥料。在耕地前先将60%的肥料均匀撒施，耕地时翻入深土层中。耙地前再把另外的40%撒在田里，耙入浅土层中。

这样分层施肥有助于提高肥料的利用率。如在大棚内种植，为保证棚内土壤活性，减少病虫害，基肥中可加入生物有机肥料。使用化肥时切忌化肥与种子直接接触。

2. 追肥的施用

大白菜子叶长出后，主根和一级侧根已经有了一定的吸水吸肥能力，但此时种子贮藏的养分用尽，基肥多采用有机肥料，肥效缓慢，供应强度不够。若此时发现苗弱，可少量追施"提苗肥"，促进幼苗生长。一般追施氮肥（N）1.2~1.4kg，不可过多，以免烧苗。

当进入莲座期后，大白菜的根系和叶片迅速生长，对肥水的吸收能力逐渐增强，对养分和水分的需求量也逐渐加大。一般在田间有少数开始团棵时追施肥料，此次追肥称之为"发棵肥"，一般以氮为主，并配施磷钾肥，每亩追施氮肥（N）2.1~3.2kg，钾肥（K_2O）2~3.5kg。在莲座后期和叶球形成期要注意控制养分，适当进行蹲苗，以防止外叶徒长，影响叶球分化。蹲苗时间的长短应根据地块的土质、保水能力等情况而定。

大白菜的结球期生长量最大，需要大量的肥水，一般会追施2次肥料。一次是在包心前5~6天追施一次结球肥，以保证大白菜快速包心，叶球大而坚实，一般每亩追施（N）3.5~4.2kg，钾肥（K_2O）5~7kg。另一次在结球中期，为促进心叶增长，同时延长外叶功能，延缓叶片衰老，此时应视土壤肥力状况适当追施高钾型肥料，注意肥料浓度不要太高，以免伤根系。

3. 喷施肥料的使用

大白菜的结球初期是施肥的高效期，此时叶面喷施0.5%~1%的尿素和0.1%~0.2%的磷酸二氢钾，有助于提高净菜率和商品价值。大白菜是喜钙作物，缺钙时往往会出现干烧心病，严重影响产品质量，针对这种情况可喷施0.25%~0.5%的硝酸钙溶液，降低其发病率。

三、大白菜营养失调症状

1. 缺氮

早期生长缓慢,植株矮小,叶片小而薄,叶色发黄,茎部细长。中后期叶球不充实,包心期延迟,叶片纤维增加,品质下降。

2. 缺磷

根部发育细弱,生长不旺盛,植株矮小。叶小,并呈暗绿色。

3. 缺钾

症状一般发生在发育后期,从下部叶缘变褐枯死,逐渐向内侧或上部叶片发展,下部叶片枯萎,抗软腐病和霜霉病的能力下降。

4. 缺钙

会发生缘腐病,内叶边缘呈水浸状,至褐色坏死,干燥时似豆腐皮状,内部顶烧死,俗称"干烧心",又称心腐病。

5. 缺镁

外叶的叶脉间呈淡绿色至黄色。

6. 缺硼

生长点枯萎死亡,叶片萎缩,扭曲畸形。叶球内叶中肋茎部褐色龟裂。

7. 缺铜

新叶的叶尖边缘呈淡绿色至黄色,生长不良。

8. 缺铁

心叶显著变黄,株型变小,根系生长受阻。

9. 缺锰

新叶的叶脉间呈淡绿色至白色。

10. 缺锌

下部叶片出现与缺氮相似的叶片黄化并枯死,即使到收获期也不包心,呈丛生状。

第五节 芹 菜

芹菜为伞形花科芹属中形成肥嫩叶柄的二年生草本植物,在我国栽培广泛。芹菜含有丰富的矿物质和多种维生素,还含有芹菜油,有降血压、健脑的作用。其属于高纤维食物,可以加快胃部的消化和排出,能起到清肠利便、防癌抗癌等作用。芹菜还具有一定的药用价值。

一、芹菜的需肥特性

芹菜为直根系浅根性蔬菜,根系主要分布在 7~20cm 土层中,横向扩展最大范围在 30cm 左右,面积较小,吸收养分和水分的能力不强,因此不耐旱涝。其主根生长肥大,能贮存养分,且主根受伤后可产生大量侧根,所以,芹菜是一种耐移植的蔬菜。

芹菜对土壤要求不严,但最适宜种植在灌溉条件较好、矿质养分丰富、保水、保肥能力强、富含有机质的壤土和黏壤土上,以中性微酸土壤为佳。芹菜需肥量很大,每生产 1 000kg 芹菜需吸收氮 (N) 1.6~3.6kg,磷 (P_2O_5) 0.7~1.5kg,钾 (K_2O) 4~6kg,钙 (CaO) 1.5kg,镁 (MgO) 0.8kg。但是在实际生产中施肥量要大于吸收量的 2~3 倍,主要是由于芹菜的根系浅,吸肥能力弱,但耐肥能力强,需要在土壤养分浓度较高的情况下才能大量吸收营养,如不能保证足够的施肥量,会影响植株的正常生长发育,造成减产、品质下降。

氮、磷、钾是影响芹菜生长发育主要的营养元素,过多或过少都会对其产量和质量产生影响。氮主要影响芹菜地上部分的发育,氮不足时,叶片数量少,植株矮小瘦弱,叶柄易空心;氮过多时也会影响其正常生长,主要表现为叶柄第一节间变短变细,易发生植株倒伏。磷可以促进幼苗生长发育,增加叶柄长度,但过多时会导致芹菜生长不良,叶形细长,叶片变轻,纤维增多,质量下降。钾充足,可促进叶柄膨大,纤维少,叶柄光泽鲜艳,口感嫩脆,提高产量和质量。氮、钾用量过大时会抑制芹菜对钙的吸收,易发生心腐病。硼对芹菜有特殊意义,土壤干旱和温度不适会抑制植株对硼的吸收,缺硼时叶柄易开裂。在芹菜的营养生长阶段,初期和后期对氮的需求量都很大,磷肥在前期需求量较大,钾肥在后期需求量较大。

二、芹菜的主要施肥技术

1. 基肥的施用

育苗时根据当地土壤肥力状况,主要以有机肥为主,每亩苗床一次性底施腐熟有机肥2 000~5 000kg,可掺混少量无机肥料,整地时要使土和肥混合均匀。芹菜根系浅,生长期较长,栽培密度大,所以定植前一定要施足底肥。一般根据栽培的品种特性、定植田土壤肥力、目标产量等因素,每亩施腐熟有机肥3 000~5 000kg,适当加入过磷酸钙和硫酸钾,有条件的可加入生物有机肥料,增加土壤活性,提高肥料利用率。缺硼的地块,可视情况亩施硼砂0.5~2kg。基肥均一次性底施,撒匀后,浅翻,整平,做畦,定植。

2. 追肥的施用

根据芹菜的需肥特性,其追肥应该少量多次,避免氮、钾肥过量或浓度过高,造成危害。定植后立即浇定植水,4~5天后浇缓苗水。当植株心叶开始生长时,可结合浇水进行第一次追肥,促进根系和叶片生长,一般每亩追施氮肥2.3~3kg,以及适量的磷肥。然后进行中耕蹲苗,控制肥水,待植株团棵,心叶开始直立向上生长,进入旺盛生长期。此时期,芹菜的叶面积会迅速扩大,叶柄伸长且薄壁组织增生,其可食用部分主要在此时形成,所以需肥量较大,应视植株生长情况少量多次追肥,一般每次每亩追施氮(N)2.3~3kg,钾(K_2O)3.5~4.5kg,共追施2~4次,最后一次在芹菜封垄后进行。叶片肥大期是芹菜的养分最大效率期,到旺长中期,其养分吸收由以氮、磷为主转为以氮、钾为主,所以,后期可适当调整氮、钾的追肥比例,适当增加钾素比例,保证后期钾素供应,可使心叶柔嫩多汁,有机物得到充分运转、积累,从而提高产量和质量。

3. 喷施肥料的使用

在全生育时期,要时刻观察植株的生长情况,注意由钙、硼等中、微量元素的缺乏所引发的症状,尤其是旺盛生长期大量冲施氮、钾肥会影响植株对钙、硼的吸收,应根据实际情况通过叶面喷施及时补充。进入旺盛生长期后,根据植株生长情况叶面喷施0.5%的硝酸钙水溶液,可防止芹菜烧心;叶面喷施0.2%~0.5%的硼砂水溶液,可防止芹菜空心和"茎裂病"的发生。

三、芹菜营养失调症状

1. 缺氮

植株矮小瘦弱。自下部叶片开始失绿变黄,失绿叶片色泽均一,叶柄易空心。

2. 缺磷

植株根系发育不良,生长缓慢,矮小,瘦弱,直立,叶片色泽一般呈暗绿色或灰绿色,缺乏光泽。

3. 缺钾

下部老叶发黄,同时叶脉间出现褐色斑点或斑块,并逐渐往上部叶扩展,易早衰,严重时腐烂。

4. 缺钙

植株根系发育差，生长点的生长发育受阻，中心幼叶枯死，同时附近新叶的尖端叶脉间产生白色到褐色斑点，斑点相连，叶缘部枯死。

5. 缺镁

老叶近叶缘处开始迅速褪绿。

6. 缺硫

植株较矮，叶色发黄。

7. 缺硼

茎部短粗，变脆，沿脉管组织茎的表皮开裂，称为"茎裂病"，老叶叶柄出现多处裂纹裂口。叶片扭曲变形，维管束呈棕色的线状。叶片边缘和叶脉黄化，叶柄上有木质损坏。纵切面看叶心坏死，根系生长发育很差且逐渐变褐色；横切面看根系中间中空坏死。

8. 缺锰

叶缘部的叶脉间呈淡绿色至黄白色。

9. 缺铜

叶色淡绿，在下部叶上易发生黄褐色斑点。

10. 缺锌

叶易向外侧卷，茎秆上可发现色素。

第六节　菜　豆

菜豆又名豆角、四季豆，属豆科一年生草本植物，喜温、喜光，有一定的耐旱能力，在我国各地均有栽培。菜豆营养丰富，嫩荚中富含蛋白质、维生素C、胡萝卜素、纤维素和糖等。菜豆是一种难得的高钾、高镁、低钠食品，尤其适合心脏病、动脉硬化、高血脂、低血钾症和忌盐患者食用。

一、菜豆的需肥特性

菜豆的根系较深,成株主根深达 60cm 以上,主要根群分布在 15~40cm 土层内。其根系比地上部分生长早而快,能够很快形成根群,具有一定的耐旱能力。菜豆对土壤条件要求较高,适宜种植在土层深厚、疏松肥沃、富含有机质、排水良好的壤土或沙质壤土中。pH 值以 6.2~7.0 为佳,酸碱过度均会造成植株发育不良。

菜豆的一生中从土壤中吸收钾最多,氮次之,磷较少,一般每生产 1 000kg 菜豆产品需吸收氮(N)3~4kg,磷(P_2O_5)2~3kg,钾(K_2O)4~6kg。氮肥对菜豆的植株生长和嫩荚产量品质均有很大影响,虽然其本身也有根瘤菌,有一定的固氮能力,但在生长发育过程中仍需要较多的氮肥,合理施用氮肥有助于增产提质。施用氮肥时应注意菜豆喜硝态氮,铵态氮过多时易出现毒害现象,主要表现:生长不良,中上部叶片褪绿、叶面凹凸不平、根发黑、根瘤菌很少甚至无、结荚数也会减少。菜豆对磷素的需求虽然很少,但缺磷时,植株和根瘤生长不良,叶片变小,开花结荚减少,荚内籽粒减少,导致减产。钾能够促进菜豆的生长和开花结荚,土壤中钾含量不足,会影响产量。另外,微量元素硼和钼对菜豆的生长发育和根瘤菌活动都具有良好的作用。

菜豆各生育时期对营养元素的吸收量不同,一般随着生育进展逐渐增加,直到结荚盛期达到高峰。

二、菜豆的主要施肥技术

1. 基肥的施用

菜豆施肥应以基肥为主,施足基肥可促进植株早分枝、发芽,还可减少落花,提早开花结荚。一般每亩施优质腐熟的有机肥 3 000~4 000kg,并视当地情况配合适量的尿素、过磷酸钙、硫酸钾或三元复合肥等无机肥料,有条件的农户可加入适当的生物肥料,有助于提升土壤活性,提高肥料利用率。施用时有机肥要充分腐熟,化肥要与种子保持一定距离,避免伤苗。施用方法:定植前结合耕翻整地,将肥料混匀后施入土壤中。

2. 追肥的施用

菜豆在开花坐荚以前,一般以控水肥蹲苗为主,防止由于营养生长过旺导致落花落果,但在土壤速效氮含量较低的土壤上,如植株长势较弱,可在开花前结合浇水,追一次提苗肥,以速效氮肥为主,不宜过多。

菜豆的追肥主要在坐荚以后,此时植株生长旺盛,既要保证茎叶生长,又要保证开花结果,需要大量的养分。第一次追肥在坐荚期,结合浇坐荚水,每亩追施高氮高钾复合肥或掺混肥 10~15kg。盛荚期追第二次肥,追肥量同第一次,以促进植株生长,增加产量。如为结荚期较长的品种,可在结荚后期进行第三次追肥,延长采收期,促进二次结荚。

3. 喷施肥料的使用

在菜豆结荚期,还可叶面喷施 0.2%~0.5% 的磷酸二氢钾 2~3 次,增产效果显著。在土壤偏碱时易缺硼,土壤过酸或光照弱时易缺钼,在幼苗期和伸蔓期,可通过叶面喷施 0.1%~0.2% 的硼砂溶液或 0.05%~0.1% 的钼酸铵,补充硼或钼的不足,有利于提高菜豆的产量和品质。

三、菜豆营养失调症状

1. 缺氮

植株矮小,叶色褪淡,发黄,严重时全株黄化,干枯脱落;荚果生长发育不良。铵态氮过量时会造成毒害,生长不良,中上部叶片褪绿、叶面凹凸不平、根发黑、根瘤菌很少甚至无,结荚数也会减少。

2. 缺磷

植株矮小，苗期出叶慢，且叶色浓绿无光泽，发僵；结荚期下部叶黄化，上部叶片小，开花结荚数少，荚内籽粒也少。

3. 缺钾

从植株下部老叶的叶尖、叶缘开始失绿黄化，然后是叶脉间黄化，顺序明显。叶面皱缩有褐色坏死斑块，叶片向外侧卷曲。

4. 缺钙

叶缘褪绿，叶片成熟时，呈降落伞状。

5. 缺镁

叶脉间先出现斑点状黄化，逐渐扩散全叶，但叶脉仍保持绿色。

6. 缺硫

叶片发黄，最早出现在上部叶片。

7. 缺硼

植株生长点萎缩变褐干枯。新形成的叶芽和叶柄色浅、发硬、易折；上位叶向外侧卷曲，叶缘部分变褐色；当仔细观察上位叶叶脉时，有萎缩现象；荚果表皮出现木质化。根系不发达，根内维管束不正常。

8. 缺铁

幼叶叶脉间褪绿，呈黄白色，严重时全叶呈黄白色干枯，但不死亡。

9. 缺锌

从中位叶开始褪色，与健康叶比较，叶脉清晰可见；随着叶脉间逐渐褪色，叶缘从黄化到变成褐色；节间变短，茎顶簇生小叶，株形丛状，叶片向外侧稍微卷曲，不开花结荚。

10. 缺钼

植株生长势差，幼叶褪绿，叶缘和叶脉间的叶肉呈黄色斑状，叶缘向内部卷曲，叶尖萎缩，常造成植株开花不结荚。

第七节 胡萝卜

胡萝卜是一种广受喜爱的蔬菜,在全国各地广泛种植,属二年生草本植物。其富含糖类、脂肪、挥发油、胡萝卜素、维生素A、维生素B_1、维生素B_2、花青素、钙、铁等人体所需的营养成分,有健脾和胃、补肝明目、清热解毒、壮阳补肾、透疹、降气止咳等功效,具有极高的营养保健价值。

一、胡萝卜的需肥特性

胡萝卜的根系发达,为深根性蔬菜,能从土壤深层吸收水分和养分,耐旱性较强,但对水分要求较严,适宜的土壤相对湿度为70%~80%,干旱则肉质根明显变小,水分过多则会造成根表皮粗糙。胡萝卜的肉质根大部分在土表以下,宜种植在耕层深厚疏松肥沃、排水良好、富含有机质的沙质壤土或壤土中。

胡萝卜对各营养元素的吸收量随植株的生长而逐渐增加,以中后期根部开始膨大时,增加最为显著。其吸收总量以钾最多,氮和钙次之,磷、镁最少,对硼比较敏感。一般,每生产1 000kg胡萝卜产品需吸收氮(N)4.2~4.5kg,磷(P_2O_5)1.7~1.9kg,钾(K_2O)10.3~11.4kg,钙3.8~5.9kg,镁0.5~0.8kg。

胡萝卜生育前期生长缓慢,对氮的吸收主要以此期为主,适量追肥有助于增产,如缺氮,会造成根部变小,发育不良;氮过高,会导致含糖量下降,硝酸盐含量增加,品质下降。胡萝卜对磷、钾的吸收主要在播种50天以后,但是磷素对植株早期生长和后期根系的膨大影响很大,所以,磷肥一般都作为基肥施用。钾主要影响胡萝卜的肉质根膨大,增施钾肥增产效果明显。胡萝卜对硼比较敏感,在根部膨大期缺硼会引发根裂现象。

二、胡萝卜的主要施肥技术

1. 基肥的施用

胡萝卜为深根性蔬菜,播种前施足基肥很重要。一般每亩施腐熟有机肥2 000~3 000kg,并视当地情况加入尿素、过磷酸钙、硫酸钾或三元复合肥或掺混肥。对于缺硼的地块,适当撒施硼砂,有助于增产增收。有条件的可加入生物性肥料,可提高土壤活性,增加肥料利用率。随后,深耕,细耙,整平。有机肥要充分腐熟、细碎,防止孳生地上害虫或烧根。

2. 追肥的施用

根据胡萝卜对营养元素的吸收特点和需肥规律,追肥应少量多次,一般为2~3次。第一次在出苗后20天左右,长出3~4片真叶后,是否追肥应视生长情况而定,追肥量也不宜过多,主要以氮为主,每亩追施尿素2~3kg或硫酸铵5~6kg。第二次追肥应在定苗后进行,主要以氮、钾肥为主,每亩追施氮(N)1.4~1.7kg,钾(K_2O)1.8~2.4kg。第三次追肥应在肉质根膨大盛期,追肥量与第二次相同。

3. 喷施肥料的使用

在叶生长盛期和肉质根生长盛期,喷施0.1%~0.25%的硼酸或硼砂溶液2~3次,可提高胡萝卜的产量和品质。

三、胡萝卜营养失调症状

1. 缺氮

地上部生长矮小瘦弱,叶色淡绿,老叶呈黄到红色,易过早死亡脱落。根部相对于健康植株较小。

2. 缺磷

植株矮小而瘦弱,老叶呈深紫色,易过早死亡脱落。

3. 缺钾

生长矮蹲，叶片卷曲。老叶的复叶叶缘呈焦枯状，随后综合呈褐色并皱缩。收获后的植株，叶片呈黄色和褐色，根较小。

4. 缺钙

叶柄皱缩并凋萎。

5. 缺镁

老叶明显褪绿。

6. 缺硼

幼叶生长受到抑制。老叶呈橘红色。生长点死亡。成熟过程中缺硼会出现根裂现象。

7. 缺锰

叶片黄化，对根部影响很大，易产生畸形，并且根上会长满须根。

第八节 菜 花

菜花又名花椰菜或花菜，属十字花科一年生草本蔬菜，以花球为产品，风味鲜美，在全国各地被普遍栽培种植。菜花的营养比一般蔬菜丰富，含有蛋白质，脂肪，碳水化合物，食物纤维，维生素 A、B、C、E、P、U 以及钙、磷、铁等矿物质。菜花是含有类黄酮最多的食物之一，类黄酮除了可以防止感染，还是最好的血管清理剂，能够阻止胆固醇氧化、防止血小板凝结成块，因而减少患心脏病与中风的危险。

一、菜花的需肥特性

菜花属于半耐寒性蔬菜，喜冷凉气候，喜湿润环境，但耐旱耐涝能力较弱。菜花喜光，但在花球形成过程中要避免光照过强和直射，造成花球变黄，影响产品质量。菜花的主根较粗大，须根较发达，主要根系分布于 30cm 的土壤耕层中，横向伸长可达 70cm，因此，对土壤的适应性也较强，但需肥较多，适宜种植在土壤疏松、富含有机质、保肥保水能力强的土壤上。

菜花需肥量较大，主要表现在氮肥上，它在整个生长发育过程中对氮肥的需要量都很大，属于高氮蔬菜类型。一般菜花对氮的需求随产量的增加而增大，特别是营养生长期，供氮不足时，会使下部叶片变黄脱落，花球发育不良，球小且多为花梗，花蕾少。菜花对钾的需求仅次于氮，只有在花球形成期需要较多的磷。一般，每生产 1 000 kg 菜花需吸收氮（N）13.4kg，磷（P_2O_5）3.4kg，钾（K_2O）9.6kg，其比例约为 1∶0.3∶0.7。

菜花对微量元素硼、镁、钼也有一定的要求。其中对硼的需要量较多，缺硼时会引起花球变为锈褐色，花茎中心开裂；缺镁时，会出现叶片失绿变黄；缺钼时，会引发"鞭尾病"。

二、菜花的主要施肥技术

1. 基肥的施用

无论是春季早熟品种还是秋季中晚熟品种，菜花在栽培前都要施足基肥，一般亩施优质腐熟的有机肥 3 000～5 000kg，并视当地情况加入尿素、过磷酸钙、硫酸钾或三元复合肥。同时菜花喜钼肥和硼肥，可在基肥中适当加入钼酸铵和硼砂。有机肥要充分腐熟细碎，施用方法为耕地前撒施，翻入土壤中，耕层为 15～20cm，使土壤与肥料均匀混合，也可留一部分施在定植沟内。翻完后整地，耙平，早、中晚熟品种多用畦作。

2. 追肥的施用

菜花定植后浇缓苗水，促进缓苗。缓苗后，春季早熟品种的追肥一般在花球形成前期，追施一次氮、磷、钾三元复合肥，以条施或穴施为佳，施肥后立即浇水。而秋季中晚熟品种生长期长，需肥量大，一般从移栽到收获要追肥 2～3 次。第一次追肥应在缓苗后一周左右进行,以速效氮肥为主,每亩追施氮(N)3~4kg;第二次在花球形成之前进行,此次追肥很重要,一般每亩追施氮(N)3~4kg,钾(K_2O)3~4kg,根据生长情况适当加入磷肥;第三次追肥在花球形成中后期,花蕾直径达12cm左右时,每亩追施45%复混肥20~25kg,随水灌施。

3. 喷施肥料的使用

在菜花的花球形成期间,可进行根外追肥,常用的有0.5%的尿素、0.3%的磷酸二氢钾、0.1%的硼砂溶液、0.5%的硼酸溶液。根据植株生长情况,适当进行喷施,可达到增加产量,提高品质的作用。同时,还应注意各类营养缺乏症,并及时补充,如缺钙时,可叶面喷施0.3%~0.5%的硝酸钙水溶液;缺镁时,可叶面喷施0.2%~0.4%的硫酸镁溶液;菜花对钼比较敏感,在花球形成期叶面喷施0.01%钼酸铵溶液,可有效预防"鞭尾病"。

三、菜花营养失调症状

1. 缺氮

苗期叶片小而挺立,叶片呈紫红色。花球期缺氮会导致花球发育不良,球小且多为花梗,花蕾少。

2. 缺磷

苗期叶片僵硬而挺立,无光泽,叶尖发红。叶脉间和叶缘呈紫红色。花球松,色泽灰暗呈棕褐色。

3. 缺钾

叶色蓝绿,近叶缘处轻微褪绿,叶片往后卷缩,叶缘卷曲并呈灼烧状。花球发育不良,球体小,不紧实色泽差,品质降低。

4. 缺钙

幼叶呈钩状,组织皱缩。心叶叶尖萎缩,呈深褐色并枯死。花球发育受阻,质量下降。

5. 缺镁

症状首先出现在老叶上,叶片脉间失绿,伴有紫红、橘黄等杂色,而叶脉仍保持绿色。

6. 缺硼

根系短粗,叶片的中脉加宽、变厚,花头小,呈褐色,茎部出现黄褐色斑块。从花头剖面上看,中心部位有褐色的块状花序和伤痕,严重时花头中间已成空洞,呈褐色。生长后期花头周围有明显的黄斑。

7. 缺铜

发育差,无花头。

8. 锰中毒

叶片生长受阻,叶缘有褐色斑点,叶片卷曲。

9. 缺钼

植株畸变,叶片明显缩小、狭长,呈不规则状的畸形叶,叶肉严重退化缺失,仅主脉两侧残留小片和不连续的叶肉呈鞭尾状,通常称为"鞭尾病"。这种病主要是叶片局部组织坏死,以及在叶片发育早期维管束分化不完全造成的。

第八章　测土配方施肥技术

第一节　测土配方施肥技术概述

测土配方施肥是以土壤测试和肥料田间试验为基础，根据作物需肥规律、土壤供肥性能和肥料效应，在合理施用有机肥料的基础上，提出氮、磷、钾及中、微量元素等肥料的施用品种、数量、施肥时期和施用方法。测土配方施肥技术的核心是调节和解决作物需肥与土壤供肥之间的矛盾，有针对性地补充作物所需的营养元素，作物缺什么元素就补充什么元素，需要多少就补多少，实现各种养分平衡供应，满足作物生长发育的需要，达到提高作物产量、改善农产品品质、节省劳力、节支增收的目的，同时控制氮素、磷素积累可能造成的环境污染。

我国测土配方施肥技术的应用始于20世纪80年代初期，这一期间主要是应用第二次土壤普查成果，开展低产区"增氮增磷"、中产区"控氮增磷"、高产区"减氮增磷"的施肥指导措施，重点解决普遍缺磷和氮磷比例失调问题；并进行了大量的肥料单因子与复因子试验，确定有关施肥参数，解决氮、磷、钾施用量、施用比例及施用方法等技术问题。90年代后主要是依据大量的田间试验结果，初步建立主要作物施肥数学模型，并进行校正，分区提出氮、磷、钾及微肥的施用技术，并按照高、中、低不同产量水平分别制订配方施肥技术方案，在全国进行了推广。2000年至今，应用GPS卫星定位，通过大规模的调查、化验、试验，建立土壤肥料地理信息平台和专家施肥咨询系统，进一步优化测土配方施肥技术，更精确指导施肥。

2005年中共中央国务院一号文件明确提出："搞好沃土工程建设，推广测土配方施肥。"农业部认真贯彻落实中央政策，在2005年组织了两场声势浩大的测土配方施肥行动——春季行动和秋季行动，中央拨出2亿元专款支持，落实了200个测土配方施肥项目县。2006年，中央又增拨测土配方施肥专项资金5亿元，增加到400个项目县。2007年新增至600个项目县，推广面积达到6.4亿亩……全国范围内掀起了大张旗鼓的测土配方施肥热潮。

第二节　主要术语和定义

1. 配方肥料

以土壤测试、肥料田间试验为基础，根据作物需肥规律、土壤供肥性能和肥料效应，用各种单质肥料和(或)复混肥料为原料，配制成的适合于特定区域、特定作物品种的肥料。

2. 肥料效应

肥料效应是肥料对作物产量或品质的作用效果，通常以肥料单位养分的施用量所能获得的作物增产量和效益表示。

3. 施肥量

施于单位面积耕地或单位质量生长介质中的肥料或养分的质量或体积。

4. 常规施肥

亦称习惯施肥，指当地有代表性的农户前3年平均施肥量(主要指氮、磷、钾肥)、施肥品种、施肥方法和施肥时期。可通过农户调查确定。

5. 空白对照

无肥处理,用于确定肥料效应的绝对值,评价土壤自然生产力和计算肥料利用率等。

6. 优化施肥

指针对当地(一定区域)的土壤肥力水平、作物需肥特点、肥料利用效率和相关配套栽培技术而建立的作物高产高效或优质适产施肥种类、时期、数量、比例和方法。

7. 地力

是指在当前管理水平下,由土壤本身特性、自然背景条件和农田基础设施等要素综合构成的耕地生产能力。

8. 耕地地力评价

耕地地力是指根据耕地所在地的气候、地形地貌、成土母质、土壤理化性状、农田基础设施等要素相互作用表现出的综合特征。耕地地力评价是对耕地生态环境优劣、农作物种植适宜性、耕地潜在生物生产力高低进行评价。

9. 肥料利用率

是指作物吸收来自所施肥料的养分占所施肥料养分总量的百分率。

第三节 肥料效应田间试验

一、大田作物肥料效应田间试验

(一)试验目的

肥料效应田间试验是获得各种作物最佳施肥品种、施肥比例、施肥数量、施肥时期、施肥方法的根本途径,也是筛选、验证土壤养分测试方法、建立施肥指标体系的基本环节。通过田间试验,掌握各个施肥单元不同作物优化施肥数量,基、追肥分配比例,施肥时期和施肥方法;摸清土壤养分校正系数、土壤供肥能力、不同作物养分吸收量和肥料利用率等基本参数;构建作物施肥模型,为施肥分区和肥料配方设计提供依据。

(二)试验设计

肥料效应田间试验设计,取决于试验目的。对于一般大田作物的施肥量研究,一般推荐采用"3414"方案设计,在具体实施过程中可根据研究目的选用"3414"完全实施方案、部分实施方案或其他试验方案。

(三)"3414"实施方案

1. "3414"完全实施方案

"3414"方案设计吸收了回归最优设计处理少、效率高的优点,是目前应用较为广泛的肥料效应田间试验方案(表8-1)。"3414"指氮、磷、钾3个因素,4个水平,14个处理。4个水平的含义:0水平指不施肥;2水平指当地推荐施肥量;1水平指施肥不足,施肥量为2水平的一半;3水平指过量施肥,施肥量为2水平的1.5倍。如果需要研究有机肥料和中、微量元素肥料效应,可在此基础上增加处理。

表8-1 "3414"试验方案处理(推荐方案)

试验编号	处理	N	P	K
1	$N_0P_0K_0$	0	0	0
2	$N_0P_2K_2$	0	2	2
3	$N_1P_2K_2$	1	2	2
4	$N_2P_0K_2$	2	0	2
5	$N_2P_1K_2$	2	1	2
6	$N_2P_2K_2$	2	2	2
7	$N_2P_3K_2$	2	3	2
8	$N_2P_2K_0$	2	2	0

续表

试验编号	处理	N	P	K
9	$N_2P_2K_1$	2	2	1
10	$N_2P_2K_3$	2	2	3
11	$N_3P_2K_2$	3	2	2
12	$N_1P_1K_2$	1	1	2
13	$N_1P_2K_1$	1	2	1
14	$N_2P_1K_1$	2	1	1

该方案可应用14个处理进行氮、磷、钾三元二次效应方程拟合,还可分别进行氮、磷、钾中任意二元或一元效应方程拟合。例如:进行氮、磷二元效应方程拟合时,可选用处理2~7、11、12,求得以K_2水平为基础的氮、磷二元二次效应方程;选用处理2、3、6、11可求得以P_2K_2水平为基础的氮肥效应方程;选用处理4、5、6、7可求得以N_2K_2水平为基础的磷肥效应方程;选用处理6、8、9、10可求得以N_2P_2水平为基础的钾肥效应方程。此外,通过处理1,可以获得基础地力产量,即空白区产量。

2. "3414" 部分实施方案

试验氮、磷、钾某1个或2个养分的效应,或其他原因无法实施"3414"完全实施方案,可在"3414"方案中选择相关处理,即"3414"的部分实施方案。这样既保持了测土配方施肥田间试验总体设计的完整性,又考虑到不同区域土壤养分特点和不同试验目的要求,满足不同层次的需要。如有些区域重点要试验氮、磷效果,可在K_2做肥底的基础上进行氮、磷二元肥料效应试验,但应设置3次重复。具体处理及其与"3414"方案处理编号对应列于表8-2。

表 8-2 氮、磷二元二次肥料试验设计与"3414"方案处理编号对应表

处理编号	"3414"方案处理编号	处理	N	P	K
1	1	$N_0P_0K_0$	0	0	0
2	2	$N_0P_2K_2$	0	2	2
3	3	$N_1P_2K_2$	1	2	2
4	4	$N_2P_0K_2$	2	0	2
5	5	$N_2P_1K_2$	2	1	2
6	6	$N_2P_2K_2$	2	2	2
7	7	$N_2P_3K_2$	2	3	2
8	11	$N_3P_2K_2$	3	2	2
9	12	$N_1P_1K_2$	1	1	2

上述方案也可分别建立氮、磷一元效应方程。

在肥料试验中,为了取得土壤养分供应量、作物吸收养分量、土壤养分丰缺指标等参数,一般把试验设计为5个处理:空白对照(CK)、无氮区(PK)、无磷区(NK)、无钾区(NP)和氮、磷、钾区(NPK)。这5个处理分别是"3414"完全实施方案中的处理1、2、4、8和6(表8-3)。如要获得有机肥料的效应,可增加有机肥处理区(M);试验某种中(微)量元素的效应,在NPK基础上,进行加与不加该中(微)量元素处理的比较。试验要求测试土壤养分和植株养分含量,进行考种和计产。试验设计中,氮、磷、钾、有机肥等用量应接近肥料效应函数计算的最高产量施肥量或用其他方法推荐的合理用量。

表 8-3 常规5处理试验设计与"3414"方案处理编号对应表

处理编号	"3414"方案处理编号	处理	N	P	K
空白对照	1	$N_0P_0K_0$	0	0	0
无氮区	2	$N_0P_2K_2$	0	2	2
无磷区	4	$N_2P_0K_2$	2	0	2
无钾区	8	$N_2P_2K_0$	2	2	0
氮磷钾区	6	$N_2P_2K_2$	2	2	2

3. 其他试验方案

各地可以结合几年来的"3414"试验结果，布置单因素多水平高产高效肥料运筹试验，为农业高产高效提供科学施肥配方。对于丘陵山区、黄土高原区，可根据当地自然生态条件和技术推广水平，进行肥料梯度试验、配比试验、肥料运筹试验和施肥方法试验及相应的验证试验。

(四) 试验实施

1. 试验地选择

试验地应选择平坦、整齐、肥力均匀，具有代表性的不同肥力水平的地块；坡地应选择坡度平缓、肥力差异较小的田块；试验地应避开道路、堆肥场所及院、林遮阴、阳光不充足等特殊地块。同一田块不能连续布置试验。

2. 试验作物品种选择

本试验中大田作物是指大田中种植的粮食、油菜、棉花、大豆等作物，田间试验应选择当地主栽的大田作物品种或拟推广品种。

3. 试验准备

整地，设置保护行，试验地区划；小区应单灌单排，避免串灌串排；试验前采集土壤样品；依测试项目不同，分别制备新鲜或风干土样。

4. 试验重复与小区排列

为保证试验精度，减少人为因素、土壤肥力和气候因素的影响，田间试验一般设 3~4 个重复（或区组）。采用随机区组排列，区组内土壤、地形等条件应相对一致，区组间允许有差异。同一生长季、同一作物、同类试验在 10 个以上时可采用多点无重复设计。

小区面积：大田作物小区面积一般为 20~50m^2，密植作物可小些，中耕作物可大些。小区宽度：密植作物不小于 3m，中耕作物不小于4m。

5. 试验记载与测试

参照《肥料效应鉴定田间试验技术规程》(NY/T 497—2002)执行，试验前采集基础土样进行测定，收获期采集植株样品，进行考种和生物与经济产量测定。必要时进行植株分析，每个县每种作物应按高、中、低肥力分别各取不少于1组"3414"试验中1、2、4、8、6处理的植株样品；有条件的地区，采集"3414"试验中所有处理的植株样品。

(五)试验统计分析

常规试验和回归试验的统计分析方法参见《肥料效应鉴定田间试验技术规程》(NY/T 497—2002)或其他专业书籍。

二、蔬菜肥料田间试验

(一)试验设计目的

肥料田间试验设计推荐"2+X"方法，分为基础施肥和动态优化施肥试验两部分，"2"是指各地均应进行的以常规施肥和优化施肥2个处理为基础的对比施肥试验研究，其中常规施肥是当地大多数农户在蔬菜生产中习惯采用的施肥技术，优化施肥则为当地近期获得的蔬菜高产高效或优质适产施肥技术；"X"是指针对不同地区、不同种类蔬菜可能存在一些对生产和养分高效有较大影响的未知因子而不断进行的修正优化施肥处理的动态研究试验，未知因子包括不同种类蔬菜养分吸收规律、施肥量、施肥时期、养分配比、中微量元素等。为了进一步阐明各个因子的作用特点，可有针对性地进一步安排试验，目的是为确定施肥方法及数量、验证土壤和植物养分测试指标等提供依据。X的研究成果也将为进一步修正和完善优化施肥技术提供参考，最终形成新的测土配方施肥(集成优化施肥)技术，有利于在田间大面积应用和示范推广。

(二) 试验设计

1. 基础施肥试验设计

基础施肥试验取"2 + X"中的"2"为试验处理数：(1)常规施肥，蔬菜的施肥种类、数量、时期、方法和栽培管理措施均按照当地大多数农户的生产习惯进行；(2)优化施肥，即蔬菜的高产高效或优质适产施肥技术，可以是科技部门的研究成果，也可为科技种菜能手采用并经土壤肥料专家认可的优化施肥技术方案作为试验处理。基础施肥试验是生产应用性试验，可将小区面积适当增大，不设置重复。

2. "X"动态优化施肥试验设计

"X"表示根据试验地区、土壤条件、蔬菜种类及品种、适产优质等内容确定，确定急需优化的技术内容方案，旨在不断完善优化处理。"X"动态优化施肥试验可与基础施肥试验的2个处理在同一试验条件下进行，也可单独布置试验。"X"动态优化施肥试验需要设置3~4次重复，必须进行长期定位试验研究，至少有3年的试验结果。

"X"主要针对氮肥优化管理，包括5个方面的试验设计：X_1，氮肥总量控制试验；X_2，氮肥分期调控试验；X_3，有机肥当量试验；X_4，肥水优化管理试验；X_5，蔬菜生长和营养规律研究试验。"X"处理中涉及有机肥、磷钾肥的用量、施肥时期等应接近于优化管理。除有机肥当量试验外，其他试验中，有机肥根据各地实际情况选择施用或者不施（各个处理保持一致），如果施用，则应该选用当地有代表性的有机肥种类；磷钾根据土壤磷钾测试值和目标产量确定施用量，根据作物养分规律确定施肥时期。各地根据实际情况，选择设置相应的"X"试验；如果认为磷或钾肥为限制因子，可根据需要将磷钾单独设置几个处理。

(1)氮肥总量控制试验（X_1）　为了不断优化蔬菜氮肥适

宜用量，设置氮肥总量控制试验，包括3个处理：①优化施氮量；②70%的优化施氮量；③130%的优化施氮量。其中，优化施氮量根据蔬菜目标产量、养分吸收特点和土壤养分状况确定，磷、钾肥施用以及其他管理措施一致。各处理详见表8-4。

表8-4 蔬菜氮肥总量控制试验方案

试验编号	试验内容	处理	N	P	K
1	无氮区	$N_0 P_2 K_2$	0	2	2
2	70%的优化氮区	$N_1 P_2 K_2$	1	2	2
3	优化氮区	$N_2 P_2 K_2$	2	2	2
4	130%的优化氮区	$N_3 P_2 K_2$	3	2	2

说明：表8-4中，0水平：指不施该种养分；1水平：适合于当地生产条件下的推荐值的70%；2水平：指适合于当地生产条件下的推荐值；3水平：该水平为过量施肥水平，为2水平氮肥适宜推荐量的1.3倍。

(2) 氮肥分期调控试验（X_2） 蔬菜作物在施肥上需要考虑肥料分次施用，遵循"少量多次"原则。为了优化氮肥分配，达到以更少的施肥次数获得更好效益（养分利用效率、产量等）的目的，在优化施肥量的基础上，设置3个处理：①农民习惯施肥；②考虑基追比（3:7）分次优化施肥，根据蔬菜营养规律分次施用；③氮肥全部用于追肥，按蔬菜营养规律分次施用。

各地根据蔬菜种类，依据氮素营养需求规律和氮素营养关键需求时期，以及灌溉管理措施来确定优化追肥次数。一般情况下，推荐追肥次数见表8-5，如果生育期发生很大变化，根据实际情况增加或减少追肥次数。每次推荐氮肥（N）量控制在2~7kg/亩。

表8-5 不同蔬菜及栽培灌溉模式下推荐追肥次数

蔬菜种类	栽培方式		追肥次数	
			畦灌	滴灌
叶菜类	露地		2~4	5~8
	设施		3~4	6~9
果类蔬菜	露地		5~6	8~10
	设施	一年两茬	5~8	8~12
		一年一茬	10~12	15~18

(3)有机肥当量试验(X_3) 目前在蔬菜生产中，特别是设施蔬菜生产中，有机肥的施用很普遍。按照有机肥的养分供应特点，养分有效性与化肥进行当量研究。试验设置6个处理(表8-6)，分别为有机氮和化学氮的不同配比，所有处理的磷、钾养分投入一致，其中有机肥选用当地有代表性并完全腐熟的种类。

表8-6 有机肥当量试验方案处理

试验编号	处理	有机肥提供氮占总氮投入量比例	化肥提供氮占总氮投入量比例	肥料施用方式
1	空白			
2	M_1N_0	1	0	有机肥基施
3	M_1N_2	1/3	2/3	有机肥基施，化肥追施
4	M_1N_1	1/2	1/2	有机肥基施，化肥追施
5	M_2N_1	2/3	1/3	有机肥基施，化肥追施
6	M_0N_1	0	1	化肥追施

注：其中有机肥提供的氮量以总氮计算

(4)肥水优化管理试验(X_4) 蔬菜作物在施肥上需要考虑与灌溉结合。为不断优化蔬菜肥水总量控制和分期调控模式，明确优化灌溉前提下的肥水调控技术的应用效果，提出适用于当地的肥水优化管理技术模式，设置肥水优化管理试验。试验设置3个处理：①农民传统肥水管理（常规灌溉模式，如沟灌或漫灌，习惯灌溉施肥管理）；②优化肥水模式（在常规灌溉模式如沟灌或漫灌下，依据作物水分需求规律调控节水灌溉量）；③新技术应用（滴灌模式，依据作物水分需求规律调控灌溉量）。其中处理②和处理③，施肥按照不同灌溉模式的优化推荐用量，氮素采用总量控制、分期调控，磷钾采用恒量监控或丰缺指标法确定。

（5）蔬菜生长和营养规律研究试验（X_5）　根据蔬菜生长和营养规律特点，采用氮肥量级试验设计，包括4个处理（表8-7），其中有机肥根据各地情况选择施用或者不施，但是4个处理应保持一致。有机肥、磷钾肥用量应接近推荐的合理用量。在蔬菜生长期间，分阶段采样，进行植株养分测定。

表8-7　蔬菜氮肥量级试验方案处理

试验编号	处理	M	N	P	K
1	$MN_0P_2K_2/N_0P_2K_2$	+/-	0	2	2
2	$MN_1P_2K_2/N_1P_2K_2$	+/-	1	2	2
3	$MN_2P_2K_2/N_2P_2K_2$	+/-	2	2	2
4	$MN_3P_2K_2/N_3P_2K_2$	+/-	3	2	2

说明：表8-7中M代表有机肥料；-：不施有机肥。+：施用有机肥，其中有机肥的种类在当地应该有代表性，其施用数量与菜田种植历史（新老程度）有关（表8-8）。有机肥料需要测定全量氮、磷、钾养分。0水平：指不施该种养分；1水平：适合于当地生产条件下的推荐值的一半；2水平：指适合于当地生产条件下的推荐值；3水平：该水平为过量施肥水平，为2水平氮肥适宜推荐量的1.5倍。

表 8-8　不同菜田推荐的有机肥用量

菜田		新菜田；过沙、过黏、盐碱化严重菜田	2～3 年新菜田		大于 5 年老菜田
有机肥选择		高 C/N 粗杂有机肥	粪肥，堆肥	堆肥	粪肥 + 秸秆
推荐量 (m^3/亩)	设施	8～10	5～7	3～5	3+2
	露地	4～5	3～4	2～3	1+2

（三）试验实施

1. 试验地选择

试验地应选择平坦、整齐、肥力均匀，具有代表性的不同肥力水平的地块；坡地应选择坡度平缓、肥力差异较小的田块；试验地应避开靠近道路、有土传病害、堆肥场所或者前期施用大量有机肥等地块。

2. 试验作物品种选择

蔬菜田间试验建议选择主栽常见种类：瓜类，黄瓜（设施）；茄果类，番茄（设施）；根菜，萝卜；结球叶菜，大白菜；非结球叶菜，莴笋；块根茎类，马铃薯。

一个地区至少选择两种蔬菜，一是上述主栽常见种类中的任意一种蔬菜，二是本地区种植规模较大的具有代表性的蔬菜作物。此外，北方地区注意设施和露地蔬菜的试验设计个数要均衡。

3. 试验准备

整地、设置保护行、试验地区划，小区应单灌单排，避免串灌串排；蔬菜田需要在小区之间采用塑料膜或水泥板隔开，至少隔离 50cm 深度，避免肥水间相互渗透；试验前多点采集土壤混合样品；依测试项目不同，分别制备新鲜或风干土样。

4. 试验重复与小区排列

为保证试验精度，减少人为因素、土壤肥力和气候因素的影响，田间试验一般设 3~4 个重复（或区组）。采用随机区组排列，区组内土壤、地形等条件应相对一致，区组间允许有差异。对于氮磷钾试验，同一生长季、同一作物、同类试验在 10 个以上时可采用多点无重复设计。

小区面积：露地蔬菜作物小区面积一般为 12~20m^2，密植作物可小些，中耕作物可大些；设施蔬菜作物一般为 10~15m^2，至少 5 行或者 3 畦以上。小区宽度：密植作物不小于 2m，中耕作物不小于 3m。

5. 施肥方法和肥料分配

有机肥料做基肥一次施用，可撒施、条施或穴施；化学肥料分次施用，具体视试验地区供试蔬菜高产栽培的肥料分配比例而定，一般需要考虑与菜田的水分管理结合进行。

6. 试验记载与测试

参照《肥料效应鉴定田间试验技术规程》（NY/T 497—2002）执行，试验前采集基础土样进行测定，收获期采集土壤和植株样品，进行考种和生物与经济产量测定，必要时在蔬菜生长期间进行植株样品的采集和分析，如蔬菜生长规律的研究试验。

（四）试验统计分析

常规试验和回归试验的统计分析方法参见《肥料效应鉴定田间试验技术规程》（NY/T 497—2002）或其他专业书籍。

三、肥料利用率田间试验

（一）试验目的

通过多点田间氮肥、磷肥和钾肥的对比试验，摸清我国常规施肥下主要农作物氮肥、磷肥和钾肥的利用率现状和测土配方施肥提高氮肥、磷肥和钾肥利用率的效果，进一步推进测土配方施肥工作。

(二)试验设计

常规施肥、测土配方施肥情况下主要农作物氮肥、磷肥和钾肥的利用率验证试验田间试验设计,取决于试验目的。推荐试验采用对比试验,大区无重复设计(表8-9)。具体办法是选择代表当地土壤肥力水平的农户地块,先分成常规施肥和配方施肥2个大区(每个大区不少于1亩)。在这2个大区中,除相应设置常规施肥和配方施肥小区外,还要划定 20~30m² 小区设置无氮、无磷和无钾小区(小区间要有明显的边界分隔),除施肥外,各小区其他田间管理措施相同。各处理布置如图8-1(小区随机排列)所示。

表8-9 试验方案处理(推荐处理)

试验编号	处理
1	常规施肥
2	常规施肥无氮
3	常规施肥无磷
4	常规施肥无钾
5	配方施肥
6	配方施肥无氮
7	配方施肥无磷
8	配方施肥无钾

(三)试验实施

1. 试验地选择

试验地应选择平坦、整齐、肥力均匀,中等土壤肥力水平的地块;坡地应选择坡度平缓、肥力差异较小的田块;试验地应避开道路、堆肥场所等特殊地块。同一地块不能连续布置试验。

2. 试验作物品种选择

每种作物选择当地推广面积较大品种(至少5个品种),每个品种至少布置10个试验点,每个品种试验点尽量在该品种种

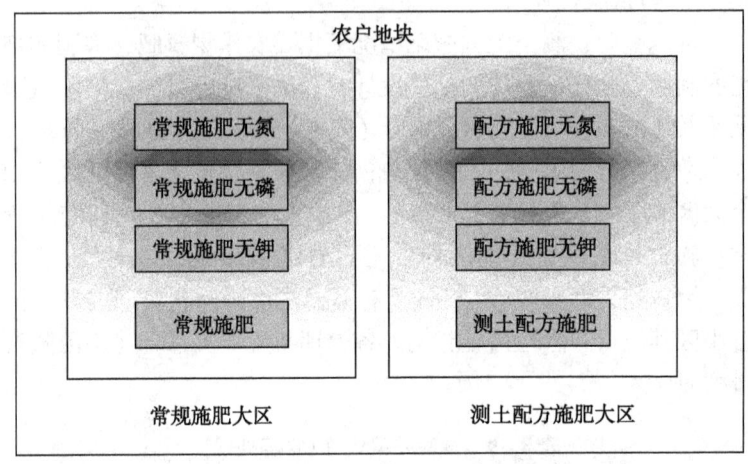

图 8-1 各处理布置示意图

植区内均匀布点。

3. 试验准备

整地、设置保护行、试验地区划;小区应单灌单排,避免串灌串排;试验前采集土壤样品;依测试项目不同,分别制备新鲜或风干土样。

4. 试验记载与测试

参照《肥料效应鉴定田间试验技术规程》(NY/T 497—2002)执行,试验前采集基础土样进行测定,收获期采集植株样品,进行考种和生物与经济产量测定,进行籽粒(经济收获物)和茎叶(植株)氮、磷、钾分析。采集对比试验中所有处理的籽粒和茎叶样品。

5. 试验统计分析

(1)常规施肥下氮肥利用率

①百千克经济产量 N 养分吸收量

首先,分别计算各个试验地点的常规施肥和常规无氮区的每

形成百千克经济产量养分吸收量,计算公式如下:

百千克经济产量N养分吸收量=(籽粒产量×籽粒N养分含量+茎叶产量×茎叶N养分含量)/籽粒产量×100

然后,将本地该品种所有试验测试结果汇总,计算出该品种的平均值(表8-10)。

表8-10　　　省　　作物主要品种百千克经济产量N养分吸收量

主要作物品种	常规施肥区				常规无氮区			
	籽粒		茎叶		籽粒		茎叶	
	产量(kg/亩)	N养分含量(%)	产量(kg/亩)	N养分含量(%)	百千克经济产量N养分吸收量(kg)	产量(kg/亩)	N养分含量(%)	产量(kg/亩)	N养分含量(%)	百千克经济产量N养分吸收量(kg)
品种1									
品种2									
品种3									
品种4									
品种5									

②常规施肥下氮肥利用率(表8-11)

常规施肥区作物吸氮总量=常规施肥区产量×施氮下形成百千克经济产量养分吸收量/100

无氮区作物吸氮总量=无氮区产量×无氮下形成百千克经济产量养分吸收量/100

氮肥利用率=(常规施肥区作物吸氮总量-无氮区作物吸氮总量)/所施肥料中氮素的总量×100%

表 8-11 ____省____作物主要品种氮肥利用率

主要作物品种	氮肥利用率平均值(%)	标准差(%)
品种 1		
品种 2		
品种 3		
品种 4		
品种 5		

(2)测土配方施肥下氮肥利用率

①百千克经济产量养分吸收量

首先,分别计算各个试验地点的测土配方施肥和无氮区的每形成百千克经济产量养分吸收量,计算公式如下:

百千克经济产量养分吸收量 =(籽粒产量×籽粒养分含量+茎叶产量×茎叶养分含量)/籽粒产量

然后,将本地该品种所有结果汇总,计算出该品种的平均值(表 8-11)。

②测土配方施肥下氮肥利用率

测土配方施肥区作物吸氮总量 = 测土配方施肥区产量×施氮下形成百千克经济产量养分吸收量/100

无氮区作物吸氮总量 = 无氮区产量×无氮下形成百千克经济产量养分吸收量/100

氮肥利用率 =(测土配方施肥区作物吸氮总量 - 无氮区作物吸氮总量)/所施肥料中氮素的总量×100%

记载表同表 8-11。

(3)测土配方施肥提高肥料利用率的效果

利用上面结果,用测土配方施肥的利用率减去常规施肥的利用率即可计算出测土配方施肥提高肥料利用率的效果。

根据以上方法,分别计算出百千克经济产量 P_2O_5 养分吸收量和计算出百千克经济产量 K_2O 养分吸收量；测算出常规施肥情况下氮肥、磷肥、钾肥利用率，测土配方施肥情况下氮肥、磷肥、钾肥利用率以及测土配方施肥提高肥料利用率的效果。

第四节 基础数据库的建立

一、数据库建立标准

（一）属性数据标准

按照测土配方施肥数据字典建立属性数据的采集标准。采集标准包含对每个指标完整的命名、格式、类型、取值区间等定义。在建立属性数据库时要按数据字典要求，制订统一的基础数据编码规则，进行属性数据录入。

（二）空间数据标准

县级地图采用 1∶50 000 地形图为空间数学框架基础。

投影方式：高斯—克吕格投影，6 度分带。

坐标系及椭球参数：北京 54。

野外调查 GPS 定位数据：初始数据采用经纬度，统一采用 GW84 坐标系，并在调查表格中记载；装入 GIS 系统与图件匹配时，再投影转换为上述直角坐标系坐标。

二、数据库建立方法

（一）属性数据库建立

属性数据库的内容包括田间试验示范数据、土壤与植物测试数据、田间基本情况及农户调查数据等。属性数据库的建立应独立于空间数据，按照数据字典要求在测土配方施肥数据库中建立。

(二) 空间数据库建立

空间数据库的内容包括土壤图、土地利用现状图、行政区划图、采样点位图等。应用 GIS 软件，采用数字化仪或扫描后屏幕数字化的方式录入。图件比例尺为 1∶50 000。

(三) 施肥指导单元属性数据获取

可由土壤图、土地利用现状图和行政区划图叠加求交生成施肥指导单元图。在指导单元图内统计采样点，如果一个单元内有一个采样点，则该单元的数值就用该点的数值，如果一个单元内有多个采样点，则该单元的数值可采用多个采样点的平均值（数值型取平均值，文本型取大样本值，下同）；如果某一单元内没有采样点，则该单元的值可用与该单元相邻同土种的单元的值代替；如果没有同土种单元相邻，或相邻同土种单元也没有数据则可用与之相邻的所有单元（有数据）的平均值代替。

三、数据库的质量控制

(一) 属性数据质量控制

数据录入前应仔细审核，数值型资料应注意量纲、上下限，地名应注意汉字多音字、繁简体、简全称等问题，审核定稿后再录入。为保证数据录入准确无误，录入后还应逐条检查。

(二) 图件数据质量控制

扫描影像能够区分图中各要素，若有线条不清晰现象，需重新扫描。

扫描影像数据经过角度纠正，纠正后的图幅下方两个内图廓点的连线与水平线的角度误差不超过 0.2 度。

公里网格线交叉点为图形纠正控制点，每幅图应选取不少于 20 个控制点，纠正后控制点的点位绝对误差不超过 0.2mm（图面值）。

矢量化：要求图内各要素的采集无错漏现象，图层分类和命名符合统一的规范,各要素的采集与扫描数据相吻合,线划(点位)整体或部分偏移的距离不超过 0.3mm (图面值)。

所有数据层具有严格的拓扑结构。面状图形数据中没有碎片多边形。图形数据及属性数据的输入正确。

(三)图件输出质量要求

图须覆盖整个辖区,不得丢漏。

图中要素必有项目包括评价单元图斑、各评价要素图斑和调查点位数据、线状地物、注记。要素的颜色、图案、线型等表示符合规范要求。

图外要素必有项目包括图名、图例、坐标系及高程系说明、成图比例尺、制图单位全称、制图时间等。

(四)面积数据要求

耕地面积数据以当地政府公布的数据(土地详查面积)为控制面积。

(五)统一的系统操作和数据管理

设置统一的系统操作和数据管理,各级用户通过规范的操作来实现数据的采集、分析、利用和传输等功能。

第五节　肥料配方设计

一、基于田块的肥料配方设计

基于田块的肥料配方设计首先确定氮、磷、钾养分的用量,然后确定相应的肥料组合,通过提供配方肥料或发放配肥通知单,指导农民使用。肥料用量的确定方法主要包括土壤与植物测试推荐施肥方法、肥料效应函数法、土壤养分丰缺指标法和养分平衡法。

(一) 土壤与植物测试推荐施肥方法

对于大田作物，在综合考虑有机肥、作物秸秆应用和管理措施的基础上，根据氮、磷、钾和中、微量元素养分的不同特征，采取不同的养分优化调控与管理策略。其中，氮肥推荐根据土壤供氮状况和作物需氮量，进行实时动态监测和精确调控，包括基肥和追肥的调控；磷、钾肥通过土壤测试和养分平衡进行监控；中、微量元素采用因缺补缺的矫正施肥策略。该技术包括氮素实时监控、磷钾养分恒量监控和中、微量元素养分矫正施肥技术。

1. 氮素实时监控施肥技术

根据不同土壤、不同作物、同一作物的不同品种、不同目标产量确定作物需氮量，以需氮量的 30%～60% 作为基肥用量。具体基施比例根据土壤全氮含量，同时参照当地丰缺指标来确定。一般在全氮含量偏低时，采用需氮量的 50%～60% 作基肥；在全氮含量居中时，采用需氮量的 40%～50% 作为基肥；在全氮含量偏高时，采用需氮量的 30%～40% 作为基肥。30%～60% 基肥比例可根据上述方法确定，并通过"3414"田间试验进行校验，建立当地不同作物的施肥指标体系。有条件的地区可在播种前对 0～20cm 土壤无机氮（或硝态氮）进行监测，调节基肥用量。

$$\text{基肥用量}(\text{kg}/\text{亩}) = \frac{(\text{目标产量需氮量} - \text{土壤无机氮}) \times (30\% \sim 60\%)}{\text{肥料中养分含量} \times \text{肥料当季利用率}}$$

土壤无机氮(kg/亩) = 土壤无机氮测试值(mg/kg) × 0.15 × 校正系数

氮肥追肥用量推荐以作物关键生育期的营养状况诊断或土壤硝态氮的测试为依据，这是实现氮肥准确推荐的关键环节，也是控制过量施氮或施氮不足、提高氮肥利用率和减少损失的重要措施。测试项目主要是土壤全氮含量、土壤硝态氮含量或小麦拔节期茎基部硝酸盐浓度、玉米最新展开叶叶脉中部硝酸盐浓度，水稻采用叶色卡或叶绿素仪进行叶色诊断。

2. 磷钾养分恒量监控施肥技术

根据土壤有(速)效磷、钾含量水平，以土壤有(速)效磷、钾养分不成为实现目标产量的限制因子为前提，通过土壤测试和养分平衡监控，使土壤有(速)效磷、钾含量保持在一定范围内。对于磷肥，基本思路是根据土壤有效磷测试结果和养分丰缺指标进行分级，当有效磷水平处在中等偏上时，可以将目标产量需要量(只包括带出田块的收获物)的100%~110%作为当季磷肥用量；随着有效磷含量的增加，需要减少磷肥用量，直至不施；随着有效磷的降低，需要适当增加磷肥用量，在极缺磷的土壤上，可以施到需要量的150%~200%。在2~3年后再次测土时，根据土壤有效磷和产量的变化再对磷肥用量进行调整。钾肥首先需要确定施用钾肥是否有效，再参照上面方法确定钾肥用量，但需要考虑有机肥和秸秆还田带入的钾量。一般大田作物磷、钾肥料全部做基肥。

3. 中、微量元素养分矫正施肥技术

中、微量元素养分的含量变幅大，作物对其需要量也各不相同。主要与土壤特性(尤其是母质)、作物种类和产量水平等有关。矫正施肥就是通过土壤测试，评价土壤中、微量元素养分的丰缺状况，进行有针对性的因缺补缺的施肥。

(二)肥料效应函数法

根据"3414"方案田间试验结果建立当地主要作物的肥料效应函数，直接获得某一区域、某种作物的氮、磷、钾肥料的最佳施用量，为肥料配方和施肥推荐提供依据。

(三)土壤养分丰缺指标法

通过土壤养分测试结果和田间肥效试验结果，建立大田作物、不同区域的土壤养分丰缺指标，提供肥料配方。

土壤养分丰缺指标田间试验也可采用"3414"部分实施方案。"3414"方案中的处理1为空白对照(CK)，处理6为全肥区（NPK），处理2、4、8为缺素区（即PK、NK和NP）。收获后计算产量，用缺素区产量占全肥区产量百分数即相对产量的高低来表达土壤养分的丰缺情况。相对产量低于60%（不含）的土壤养分为低；相对产量60%~75%（不含）为较低，75%~90%（不含）为中，90%~95%（不含）为较高，95%（含）以上为高，从而确定适用于某一区域、某种作物的土壤养分丰缺指标及对应的肥料施用数量。对该区域其他田块，通过土壤养分测试，就可以了解土壤养分的丰缺状况，提出相应的推荐施肥量。

（四）养分平衡法

1. 基本原理与计算方法

根据作物目标产量需肥量与土壤供肥量之差估算施肥量，计算公式为：

$$施肥量(kg/亩) = \frac{目标产量所需养分总量 - 土壤供肥量}{肥料中养分含量 \times 肥料当季利用率}$$

养分平衡法涉及目标产量、作物需肥量、土壤供肥量、肥料利用率和肥料中有效养分含量五大参数。土壤供肥量即为"3414"方案中处理1的作物养分吸收量。目标产量确定后因土壤供肥量的确定方法不同，形成了地力差减法和土壤有效养分校正系数法两种。

地力差减法是根据作物目标产量与基础产量之差来计算施肥量的一种方法。其计算公式为：

$$施肥量(kg/亩) = \frac{目标产量 \times 全肥区经济产量单位养分吸收量 - 缺素区产量 \times 缺素区经济产量单位养分吸收量}{肥料中养分含量 \times 肥料利用率}$$

土壤有效养分校正系数法是通过测定土壤有效养分含量来计算施肥量。其计算公式为：

$$施肥量(kg/亩) = \frac{作物单位产量养分吸收量 \times 目标产量 - 土壤测试值 \times 0.15 \times 土壤有效养分校正系数}{肥料中养分含量 \times 肥料利用率}$$

2. 有关参数的确定

(1) 目标产量　目标产量可采用平均单产法来确定。平均单产法是利用施肥区前3年平均单产和年递增率为基础确定目标产量，其计算公式是：

目标产量 (kg/亩) = (1 + 递增率) × 前3年平均单产 (kg/亩)

一般粮食作物的递增率为 10%~15%。

(2) 作物需肥量　通过对正常成熟的农作物全株养分的分析，测定各种作物百千克经济产量所需养分量，乘以目标常量即可获得作物需肥量。

$$\text{作物目标产量所需养分量(kg)} = \frac{\text{目标产量(kg)}}{100} \times \text{百千克产量所需养分量(kg)}$$

(3) 土壤供肥量　土壤供肥量可以通过测定基础产量、土壤有效养分校正系数两种方法估算：

通过基础产量估算（处理1产量）：不施肥区作物所吸收的养分量作为土壤供肥量。

$$\text{土壤供肥量(kg)} = \frac{\text{不施养分区农作物产量(kg)}}{100} \times \text{百千克产量所需养分量(kg)}$$

(4) 肥料利用率　一般通过差减法来计算：利用施肥区作物吸收的养分量减去不施肥区农作物吸收的养分量，其差值视为肥料供应的养分量，再除以所用肥料养分量就是肥料利用率。

$$\text{肥料利用率(\%)} = \frac{\text{施肥区农作物吸收养分量(kg/亩)} - \text{缺素区农作物吸收养分量(kg/亩)}}{\text{肥料施用量(kg/亩)} \times \text{肥料中养分含量(\%)}} \times 100$$

上述公式以计算氮肥利用率为例来进一步说明。

施肥区（NPK区）农作物吸收养分量（kg/亩）："3414"方案中处理6的作物总吸氮量。

缺氮区（PK区）农作物吸收养分量（kg/亩）："3414"方案中处理2的作物总吸氮量。

肥料施用量（kg/亩）：施用的氮肥肥料用量。

肥料中养分含量（%）：施用的氮肥肥料所标明的含氮量。

如果同时使用了不同品种的氮肥，应计算所用的不同氮肥品种的总氮量。

（5）肥料养分含量　供施肥料包括无机肥料与有机肥料。无机肥料、商品有机肥料含量按其标明量，不明养分含量的有机肥料养分含量可参照当地不同类型有机肥养分平均含量获得。

二、县域施肥分区与肥料配方设计

县域测土配方施肥以土壤类型（土种）、土地利用方式和行政区划（村）的结合作为施肥指导单元，具体工作中可应用土壤图、土地利用现状图和行政区划图叠加求交生成施肥指导单元。应用最适合于当地实际情况的肥料用量推荐方式计算每一个施肥指导单元所需要的氮、磷、钾肥及微肥用量，根据氮、磷、钾的比例，结合当地肥料生产、销售、使用的实际情况为不同作物设计肥料配方，形成县域施肥分区图。

（一）施肥指导单元目标产量的确定及单元肥料配方设计

施肥指导单元目标产量确定可采用平均单产法或其他适合于当地的计算方法。

根据每一个施肥指导单元氮、磷、钾及微量元素肥料的需要量设计肥料配方，设计配方时可只考虑氮、磷、钾的比例，暂不考虑微量元素肥料。在氮、磷、钾三元素中，可优先考虑磷、钾的比例设计肥料配方。

（二）区域肥料配方设计

区域肥料配方一般以县为单位设计，施肥指导单元肥料配方要做到科学性、实用性的统一，应该突出个性化，区域肥料配方在考虑科学性、实用性的基础上，还要兼顾企业生产供应的可行性，数量不宜太多。

区域肥料配方设计以施肥指导单元肥料配方为基础，应用相应的数学方法（如聚类分析）将大量的配方综合形成有限的几种配方。

设计配方时不仅要考虑农艺需要，还要综合考虑肥料生产厂家、销售商及农民用肥习惯等多种因素，确保设计的肥料配方不仅科学合理，还要切实可行。

（三）制作县域施肥分区图

区域肥料配方设计完成后，按照最大限度节省肥料的原则为每一个施肥指导单元推荐肥料配方，具有相同肥料配方的施肥指导单元即为同一个施肥分区。将施肥指导单元图根据肥料配方进行渲染后即形成了区域施肥分区图。

（四）测土配方施肥建议发布

充分应用信息手段如报纸、电视、互联网、触摸屏、掌上电脑、智能手机等发布施肥建议。

第六节　配方肥料的供应、配方肥料合理施用

根据各县主要作物品种的面积、区划，对已研制的合理配方，按照"大配方，小调整"的原则，充分考虑批量化生产的可行性，优化肥料配方，省级土壤肥料技术部门通过媒体向社会公布配方，引导企业生产供应配方肥，指导农民科学合理施用配方肥。

在养分需求与供应平衡的基础上，坚持有机肥料与无机肥料相结合；坚持大量元素与中量元素、微量元素相结合；坚持基肥与追肥相结合；坚持施肥与其他措施相结合。在确定肥料用量和肥料配方后，合理施肥的重点是选择肥料种类、确定施肥时期、比例和施肥方法等。

1. 配方肥料种类

根据土壤性状、肥料特性、作物营养特性、肥料资源等综合因素确定肥料种类，可选用单质或复混肥料自行配制配方肥料，也可直接购买配方肥料。

2. 施肥时期

根据肥料性质和植物营养特性，适时施肥。植物生长旺盛和吸收养分的关键时期应重点施肥，有灌溉条件的地区应分期施肥。对作物不同时期的氮肥推荐量的确定，有条件区域应建立并采用实时监控技术。

3. 施肥方法

常用的施肥方式有撒施后耕翻、条施、穴施等。应根据作物种类、栽培方式、肥料性质等选择适宜施肥方法。例如：配方肥料一般作为基肥施用，撒施后结合整地翻入土壤。

第九章 水肥一体化农业应用技术

第一节 水肥一体化技术概述

水肥一体化技术是将灌溉与施肥融为一体的农业新技术,是借助压力灌溉系统,将可溶性固体肥料或液体肥料配对而成的肥液与灌溉水一起,均匀、准确地输送到作物根部土壤。水肥一体化是指对水分和养分的综合协调和一体化管理,狭义来说,就是利用管道灌溉系统,将肥料溶解在水中,同时进行灌溉与施肥,适时、适量地满足农作物对水分和养分的需求,实现水肥同步管理和水肥高效利用的农业技术。与传统方式相比,水肥一体化技术可减少肥料挥发、固定以及淋洗的损失,肥料利用率可提高 30%~50%,水分利用率可提高 40%~60%。由于利用设备进行水肥一体化管理,可以节省大量的劳动力。近年大面积示范表明,粮食作物应用膜下滴灌技术单产可提高 20%~50%,最高增产 1 倍。

我国水资源总量仅为世界的 6%,是水资源严重紧缺的 13 个国家之一。据统计,近 3 年我国农业用水约占用水总量的 61.9%,每年农业用水缺口超过 300 亿立方米,干旱缺水已成为威胁粮食安全、制约农业可持续发展的主要限制因素之一。同时,我国 2011 年化肥用量为 5 700 多万吨,占全球 1/3 以上,增大了资源环境的压力。在这种紧迫形势下,我国农业发展方向亟须从大水大肥粗放型转变为合理利用资源的集约型，而水肥一体化技术是现代农业发展的必然选择。

采用灌溉施肥技术，可按照作物生长需求，进行全生育期需求设计，把水分和养分定量、定时，按比例直接提供给作物。压力灌溉有喷灌和微灌等形式，目前常用形式是微灌与施肥的结合，且以滴灌、微喷与施肥的结合居多。微灌施肥系统由水源、首部枢纽、输配水管道、灌水器4部分组成。水源有河流、水库、机井、池塘等，首部枢纽包括电机、水泵、过滤器、施肥器、控制和测量设备、保护装置，输配水管道包括主、干、支、毛管道及管道控制阀门，灌水器包括滴头或喷头、滴灌带。

第二节　水肥一体化技术国内外发展现状

水肥一体化起源于无土栽培，并伴随高效灌溉技术的发展得以发展。18世纪末，英国的JohnWoodward将植物种植在土壤的提取液中。这是最早的水肥一体化栽培。

世界上第一个关于细流灌溉技术的试验可以追溯到19世纪，但是真正的开始应该在20世纪50年代至60年代初期。在70年代，由于便宜的塑料管道大量生产，极大地促进了细流灌溉的发展，推动了细流灌或微灌系统（包括滴灌、微喷雾灌以及微喷灌）等技术的进步。在过去的40多年里，水肥一体化技术在全世界发展迅猛。

美国在1913年建成了第一个滴灌工程。美国是目前世界上微灌面积最大的国家，在灌溉农业中60%的马铃薯、25%的玉米、33%的果树均采用水肥一体化技术。开发应用了新型的水溶肥料、农药注入控制装置，用于水肥一体化的专用肥料占肥料总量的38%。现在加利福利亚州已建立了完善的水肥一体化设施及服务体系，果树生产均采用了滴管、渗灌等水肥一体化技术，成为世界高价值农产品现代农业生产体系的典型。德国1920年在水出流方面实现了一次突破，使水从孔眼流入土壤。20世纪50年代塑料工业兴起后，高效灌溉技术得到了迅速发展，而且灌水与施肥很快结合进行，发展成为一种高精度控制土壤水分、养分的农业新技术。荷兰从20世纪50年代初以来，温室数量大幅增加，通过灌溉系统施用的液体肥料数量也大幅增加，水泵和用于实现养分精确供应的肥料混合罐也得到研制和开发。近年来，澳大利亚的水肥一体化技术发展迅速，2006—2007年设立总额100亿澳元的国家水安全计划，用于发展灌溉设施和水肥一体化技术，并建立了系统的墒情监测体系，用于指导灌溉施肥。

自20世纪60年代初起，以色列开始普及灌溉施肥技术，1964年建成了用于灌溉施肥的全国输水系统，全国耕地中大约有一半应用加压灌溉施肥系统，包括果树、花卉、温室作物、大田蔬菜和大田作物。20世纪80年代初，以色列的灌溉施肥技术开始应用到自动推进机械灌溉系统，施肥系统也由过去单一的肥料罐发展为肥料罐、文丘里真空泵和水压驱动肥料注射器等多种模式并存，并且引入电脑控制技术及设备，养分分布的均匀度显著提高。在以色列，将近80%的灌溉耕地采用灌溉施肥方法，超过50%的氮和磷以及65%的钾都是以灌溉施肥的方法施用的。

此外，水肥一体化发展较快的还有西班牙、意大利、法国、印度、日本、南非等国家。据第六次国际微灌大会资料，1981—2000年的19年间，世界微灌面积增加了633%，平均每年增加33%，达到373.33多万公顷，大部分采用水肥一体化技术。进入21世纪，水肥一体化技术发展更加迅速，应用面积进一步扩大，同时与水肥一体相配套的水溶肥研制和生产取得了长足的进步，一些发达国家已经建立了完善的设备生产、肥料配置、推广服务体系。

我国水肥一体化技术最初发展可以从1974年从墨西哥引进

滴灌设备算起，40多年的时间里研究开发了大量施肥设备和灌溉技术，如压差施肥罐、移动式灌溉施肥机、重力自压施肥系统、泵吸施肥法、膜下滴灌施肥技术、小白龙喷水带微喷施肥技术、覆膜沟灌施肥技术、痕量灌溉施肥技术等，尤其是新疆地区的棉花膜下滴灌施肥技术处于国际领先水平。目前，我国水肥一体化技术已由小范围试验示范发展为大面积推广应用，覆盖东北、华北、西北、南方的大部分地区，广泛应用于粮食、蔬菜、花卉、果树等多种作物的设施栽培和大田生产。2002年以来，通过组织实施旱作节水农业项目，中央财政累计投资1亿元，在全国10多个省（自治区、直辖市）建立核心示范区20多万亩，覆盖20多种作物，有效带动了各地水肥一体化技术的推广应用。2010年，我国水肥一体化技术应用面积约为2 300万亩，2011年为2 500万亩，2012年超过了3 000万亩。

第三节　水肥一体化技术要点和主要应用模式

一、水肥一体化技术要点

水肥一体化技术的基本原则是根据作物需要，对水肥进行综合管理。这一原则适用于全国各个地区和所有作物。其中的微灌施肥技术目前主要应用于新疆、甘肃、内蒙古等西部和西北部干旱缺水地区，用于棉花、玉米、果树和蔬菜等多种作物。在其他地区，特别是京津地区、沿海和南方省区，多用于果树、蔬菜等设施作物和城镇观光作物。国家对水肥一体化技术一直大力提倡，在资金和政策上都给予了强有力的支持，推广面积不断扩大，正在变成广大农民用得起的新技术。到2008年，全国节水灌溉面积占农田有效灌溉面积的比例已经达到40%以上，与此同时，水溶性肥料的生产也得到了迅速发展。

(一)微灌施肥系统的选择

根据水源、地形、种植面积、作物种类,选择不同的微灌施肥系统。保护地栽培、露地瓜菜种植、大田经济作物栽培一般选择滴灌施肥系统,施肥装置保护地一般选择文丘里施肥器、压差式施肥罐或注肥泵。果园一般选择微喷施肥系统,施肥装置一般选择注肥泵,有条件的地方可以选择自动灌溉施肥系统。

(二)制订微灌施肥方案

1. 微灌制度的确定

根据种植作物的需水量和作物生育期的降水量确定灌水定额。露地微灌施肥的灌溉定额应比大水漫灌减少50%,保护地滴灌施肥的灌水定额应比大棚畦灌减少30%~40%。灌溉定额确定后,依据作物的需水规律、降水情况及土壤墒情确定灌水时期、次数和每次的灌水量。以褐土区重壤土设施栽培番茄为例,微灌制度见表9–1。

表9–1 褐土区重壤土设施栽培番茄的微灌制度

生育期	灌水次数	灌水量(mm)	耗水强度(mm/天)
苗期	1	20.3	0.82
花期	1	17.1	0.11
结果期	12	251.4	1.46

2. 施肥制度的确定

微灌施肥技术和传统施肥技术存在显著的差别。合理的微灌施肥制度,应首先根据种植作物的需肥规律、地块的肥力水平及目标产量确定总施肥量,氮、磷、钾比例及底、追肥的比例。做底肥的肥料在整地前施入,追肥则按照不同作物生长期的需肥特性,确定其次数和数量。实施微灌施肥技术可使肥料利用率提高40%~50%,故微灌施肥的用肥量为常规施肥的50%~60%。仍以设施栽培番茄为例,目标产量为10 000kg/亩,每生产1 000kg

番茄吸收 N 3.18kg、P_2O_5 0.74kg、K_2O 4.83kg，养分总需求量是 N 31.8kg、P_2O_5 7.4kg、K_2O 48.3kg；设施栽培条件下当季氮肥利用率57%~65%，磷肥为35%~42%，钾肥为70%~80%；则实现上述产量应亩施 N 53.12kg、P_2O_5 18.5kg，K_2O 60.38kg，合计132kg（未计算土壤养分含量）。再以番茄营养特点为依据，拟定番茄各生育期施肥方案。

3. 肥料的选择

微灌施肥系统施用底肥与传统施肥相同，可包括多种有机肥和多种化肥。但微灌追肥的肥料品种必须是可溶性肥料。符合国家标准或行业标准的尿素、碳酸氢铵、氯化铵、硫酸铵、硫酸钾、氯化钾等肥料，纯度较高，杂质较少，溶于水后不会产生沉淀，均可用作追肥。补充磷素一般用磷酸二氢钾等可溶性肥料做追肥。追肥补充微量元素肥料，一般不能与磷素追肥同时使用，以免形成不溶性磷酸盐沉淀，堵塞滴头或喷头。

（三）配套技术

实施水肥一体化技术要配套应用作物良种、病虫害防治和田间管理技术，还可因作物制宜，采用地膜覆盖技术，形成膜下滴灌等形式，充分发挥节水节肥优势，达到提高作物产量、改善作物品质、增加效益的目的。

二、水肥一体化技术主要应用模式

（一）滴灌水肥一体化技术

滴灌水肥一体化技术是按照作物需水需肥要求，通过低压管道系统与安装在毛管上的滴头，将溶液均匀而又缓慢地滴入作物根区土壤。灌溉水以水滴的形式进入土壤，延长了灌溉时间，可以较好地控制灌水量。滴灌施肥不会破坏土壤结构，土壤内部水、肥、气热保持适宜作物生长的状态，渗漏损失小。该方法可使水的利用率达90%以上，配合肥料使用还可以提高肥料利用率，节肥30%，特别是可提高磷的利用效率。臧小平等发现，香蕉滴灌施肥周年生长期内灌水量仅为传统浇灌的27%，产量却增加15.6%，并能缩短香蕉生育期，利于早熟提前上市。滴灌水肥一体化技术应用范围广泛，不受地形限制，即使在有一定坡度的坡地使用也不会产生径流影响其灌溉施肥均匀性。不论是密植作物还是宽行作物都可以应用。不过滴灌系统对水质的要求比较严格，所以，选择好灌溉水源、肥料和过滤设备是系统的关键。常用的滴灌过滤器为筛网式过滤器和碟片式过滤器，滤网规格一般为100~150目。在国外一些农业发达国家，滴灌施肥技术已相当成熟。目前国际上地下滴灌技术成为了研究热点。美国地下滴灌技术已应用在玉米、棉花、蔬菜、果树等30多种作物的灌溉中，2003—2008年，全美地下灌溉技术的应用面积从244.5万亩增长到390万亩，增长率达59.5%。2000年在南非召开的第六次国际微灌大会上，地下滴灌技术被列为今后微灌发展的方向之一。

(二) 微喷灌水肥一体化技术

喷灌技术是以高压把水喷向空中，然后落到植株和土壤上来进行灌溉，在我国已较为成熟。但水滴在空中飞行会受到空气阻力和大气蒸发以及飘移等因素引起的水分损失，在光照较强，温度高且湿度小的情况下，喷灌水量蒸发飘移损失可达到42%，而且落在植物冠层的水分也很难被吸收。于是，微喷灌技术应运而生。微喷灌技术是通过低压管道系统，以较小的流量将灌溉液通过微喷头或微喷带喷洒到土壤和植物表面进行灌溉，是一种局部的灌溉设施，可以在降低水分蒸发飘逸损失的同时减小滴灌施肥系统的堵塞概率，利于推广应用。臧小平等发现，香蕉微喷灌施肥周年生长期内灌水量仅为传统浇灌的31.6%，产量却增加5.6%。微喷灌水肥一体化技术在果园、园林绿化以及工厂化育苗中应用广泛，常见的微喷系统一般分为地面和悬空2种。与滴灌施肥技术相比，微喷灌技术对过滤器的要求比较低，过滤网规格一般为60~100目。微喷灌系统易受田间杂草、作物茎秆的阻挡而影响灌溉效果，应根据具体地形和作物条件选择合适的微喷系统。

(三) 膜下滴灌水肥一体化技术

膜下滴灌技术是把滴灌和覆膜技术相结合，即在滴灌带上面覆盖一层薄膜。覆膜可以在滴灌节水的基础上减少水分蒸发损失，还可以提高地温，利于出苗，黑色薄膜还可以抑制杂草的生长。据统计，2010年我国膜下滴灌技术应用面积约为2573万亩，约占我国耕地灌溉面积的3%。膜下滴灌技术应用最为成熟的例子是新疆的棉花膜下滴灌，可以减少无效的棵间蒸发，提高灌溉水利用效率，与沟灌相比平均节水53.96%，增产18.4%~39.0%，籽棉单产增幅为58.0~94.1kg/亩。2005年该项技术在棉花上的应用已经达到400多万亩。黑龙江地区玉米膜下滴灌可增产28.3%~55.7%。我国一些蔬菜大棚由于水分蒸发后盐分残留地表出现土壤次生盐渍化现象，膜下滴灌施肥技术可以有效减缓土壤表层盐分积累。2000年，在石河子举办的"膜下滴灌与现代农业"座谈会上，与会代表也一致认同膜下滴灌有改良大田盐碱地的作用。

第四节　水肥一体化技术应用效果

一、节水

水肥一体化技术可减少水分的下渗和蒸发，提高水分利用率。在露天条件下，微灌施肥与大水漫灌相比，节水率达50%左右。保护地栽培条件下，滴灌施肥与畦灌相比，每亩大棚一季节水80~120m^3，节水率为30%~40%。

二、节肥

水肥一体化技术实现了平衡施肥和集中施肥,减少了肥料挥发和流失,以及养分过剩造成的损失,具有施肥简便、供肥及时、作物易于吸收、提高肥料利用率等优点。在作物产量相近或相同的情况下,水肥一体化与传统技术施肥相比节省化肥40%~50%。

三、节地

应用微喷水肥一体化技术后,可以去除地头的大垄沟、田间小垄沟和田间畦背,增加了农作物的有效种植面积。使用水肥一体化技术地区不同类型麦田示范点实测结果显示,使用微喷技术去除垄沟可节省耕地6%~13%(沙质土壤所占比重大些),去除畦背节省耕地2%~2.4%,合计每亩节地10%左右。

四、改善微生态环境

保护地栽培采用水肥一体化技术,一是明显降低了棚内空气湿度。滴灌施肥与常规畦灌施肥相比,空气湿度可降低8.5~15个百分点。二是保持棚内温度。滴灌施肥比常规畦灌施肥减少了通风降湿而降低棚内温度的次数,棚内温度一般比棚外高2~4℃,有利于作物生长。三是增强微生物活性。滴灌施肥与常规畦灌施肥技术相比地温可提高2.7℃,可增强土壤微生物活性,促进作物对养分的吸收。四是有利于改善土壤物理性质。滴灌施肥克服了灌溉造成的土壤板结,土壤容重降低,孔隙度增加。五是减少土壤养分淋失,减少地下水的污染。

五、减轻病虫害发生降低防治成本

空气湿度的降低,在很大程度上抑制了作物病害的发生,减少了农药的投入和防治病害的劳力投入，微灌施肥每亩农药用量减少15%～30%，节省劳力15～20个。

六、增加产量，改善作物品质

水肥一体化技术可促进作物产量提高和产品质量的改善，果园一般增产15%～24%，设施栽培增产17%～28%。以原平市设施栽培黄瓜为例，滴灌施肥比常规畦灌施肥减少畸形瓜21%，正常瓜每亩增加850kg；每亩增产黄瓜280kg，每亩增加产值共1 356元。

七、提高经济效益

水肥一体化技术经济效益包括增产、改善品质获得效益和节省投入的效益。果园一般亩节省投入300～400元，增收300～600元。设施栽培一般亩节省投入400～700元，其中，节水电85～130元，节肥130～250元，节农药80～100元，节省劳力成本150～200元，增收1 000～2 400元。

第五节 水肥一体化技术应用中存在的问题

这些年，我国水肥一体化技术研究、生产发展较为快速，但是技术研究工作中仍存在着一些问题。

一、应用范围不广泛

目前，水肥一体化技术在经济作物上的研究、应用较多，主要粮食作物的灌溉施肥技术模式有待建立和完善。

二、灌溉技术和施肥技术脱离

水肥一体化技术涉及农田水利、灌溉工程、肥料、栽培、土壤等众多学科，由于学科间的区别限制了水肥一体化技术的发展，主要表现在重视管道工程设计而忽视肥料选择和栽培学研究，或者重视土壤养分和水分的迁移转化而忽视了管道设计，综合型的专门技术人才比较缺乏。

三、应用成本高

缺乏性价比高的灌溉施肥设备和自动化管理技术，国内从事灌溉施肥设备研究和生产的公司少，研发力量不足，一些市场产品仿照国外，产品价格偏高，一次性投入较大。

四、缺乏高端的全水溶肥产品

国内水溶肥的技术研究产品开发和大规模应用还处于起步推广阶段，校企合作研究少，知名的适合灌溉施肥系统使用的肥料品种少。为推动我国水肥一体化技术的研究和应用深入发展，农业部把节水农业作为2013年种植业工作重点之一，印发了《水肥一体化技术指导意见》，指出：到2015年，我国水肥一体化技术推广总面积达到8 000万亩以上，并针对技术应用中存在的一些问题提出了解决方法和工作重点。水肥一体化技术成为我国建设高产高效农业的主推技术，显示出前所未有的发展机遇。同时，相关科研单位也应加强不同学科的联合，充分利用科研资源，探究不同作物养分迁移转化特征和根层调控技术，集成主要作物水肥一体化技术高产高效模式及其配套产品；水肥一体化设备生产和服务提供商，要加强与科研院所之间的沟通合作，创新水肥一体化条件下肥料增效技术及产品研发，注重水肥一体化技术自动化、信息化控制关键技术研究与应用，保障水肥一体化发展的实际需要，促进我国水肥一体化技术在我国农业生产中得到更多的应用。

参考文献

侯忠祥，李振桥.1993. 小麦高产理论及栽培技术[M]. 石家庄：河北科学技术出版社.

贾文竹，马利民，卢树昌，等.2007. 菜地、果园土壤养分状况与调控技术[M]. 北京：中国农业出版社.

李博文，刘树庆.2014. 蔬菜安全高效施肥[M]. 北京：中国农业出版社.

陆景陵，陈伦寿.2009. 植物营养失调症彩色图谱[M]. 北京：中国林业出版社.

吕英华，秦双月.2002. 测土与施肥[M]. 北京：中国农业出版社.

秦富，李跃进，李亚洲，等.1998. 提高化肥使用效益200问[M]. 北京：中国农业出版社.

孙毅，王方维.1980. 农业化学[M]. 上海：上海科学技术出版社.

王国忠，王福祥，田守杰，等.2013. 现代玉米高产栽培实用技术[M]. 北京：中国农业科学技术出版社.

吴玉光，刘立新，黄德明，等.2000. 化肥使用指南[M]. 北京：中国农业出版社.

余松烈，沈煜清，顾慰连，等.1980. 作物栽培学[M]. 北京：中国农业出版社.

臧小平，马蔚红，张承林，等.2011. 水肥一体化技术在海南干热香蕉种植区的应用[J]. 亚热带植物科学，40（4）：32-37.